国家出版基金项目
NATIONAL PUBLICATION FOUNDATION

# 5G安全技术

主编

徐雷 李红五 叶晓煜 陶冶

参编

张曼君 张小梅 马铮 刘

王姗姗 曹咪 王蕴实 王智

丁攀 智晓欢 郭新海 高泽

张立彤 史金雨 贾宝军 郭玉

程筱彤 俞播

U0178971

CYBERSPACE SECURITY
TECHNOLOGY
5G SECURITY TECHNOLOGY

机械工业出版社
CHINA MACHINE PRESS

本书聚焦 5G 移动通信网络安全，详细介绍了 5G 安全发展背景、5G 网络技术、5G 安全威胁、5G 关键技术安全等内容。其中，5G 面临的安全威胁及解决方案、前沿技术助力 5G 安全、5G 赋能典型垂直行业的安全场景等章节，详细介绍了 5G 三大应用场景下的安全问题，具体描述了区块链、NFV、边缘计算等新技术自身的安全风险及 5G 安全增强。在 5G 赋能典型垂直行业的安全场景中包含 5G 热门的研究方向：工业互联网、车联网安全、物联网安全、远程医疗安全等，系统地呈现了对 5G 各个领域的安全分析。

本书适合作为从事移动通信领域的安全研究、系统设计人员的参考资料，同时也可供高等院校通信安全及相关专业的师生参考阅读。

**图书在版编目（CIP）数据**

5G 安全技术 / 徐雷等主编. —北京：机械工业出版社，2022.9
（网络空间安全技术丛书）
ISBN 978-7-111-71279-4

Ⅰ. ①5… Ⅱ. ①徐… Ⅲ. ①无线电通信-移动网-安全技术

Ⅳ. ①TN929.5

中国版本图书馆 CIP 数据核字（2022）第 133718 号

机械工业出版社（北京市百万庄大街 22 号　邮政编码　100037）
策划编辑：秦　菲　　　　　　　　责任编辑：秦　菲　尚　晨
责任校对：张亚楠　李　婷　　　　责任印制：张　博
保定市中画美凯印刷有限公司印刷
2022 年 10 月·第 1 版·第 1 次印刷
184mm×260mm·11 印张·268 千字
标准书号：ISBN 978-7-111-71279-4
定价：69.00 元

电话服务　　　　　　　　　　　　网络服务
客服电话：010-88361066　　　　　机 工 官 网：www.cmpbook.com
　　　　　010-88379833　　　　　机 工 官 博：weibo.com/cmp1952
　　　　　010-68326294　　　　　金 书 网：www.golden-book.com
**封底无防伪标均为盗版**　　　　机工教育服务网：www.cmpedu.com

# 出版说明

随着信息技术的快速发展，网络空间逐渐成为人类生活中一个不可或缺的新场域，并深入到了社会生活的方方面面，由此带来的网络空间安全问题也越来越受到重视。网络空间安全不仅关系到个体信息和资产安全，更关系到国家安全和社会稳定。一旦网络系统出现安全问题，那么将会造成难以估量的损失。从辩证角度来看，安全和发展是一体之两翼、驱动之双轮，安全是发展的前提，发展是安全的保障，安全和发展要同步推进，没有网络空间安全就没有国家安全。

为了维护我国网络空间的主权和利益，加快网络空间安全生态建设，促进网络空间安全技术发展，机械工业出版社邀请中国科学院、中国工程院、中国网络空间研究院、浙江大学、上海交通大学、华为及腾讯等全国网络空间安全领域具有雄厚技术力量的科研院所、高等院校、企事业单位的相关专家，成立了阵容强大的专家委员会，共同策划了这套"网络空间安全技术丛书"（以下简称"丛书"）。

本套丛书力求做到规划清晰、定位准确、内容精良、技术驱动，全面覆盖网络空间安全体系涉及的关键技术，包括网络空间安全、网络安全、系统安全、应用安全、业务安全和密码学等，以技术应用讲解为主，理论知识讲解为辅，做到"理实"结合。

与此同时，我们将持续关注网络空间安全前沿技术和最新成果，不断更新和拓展丛书选题，力争使该丛书能够及时反映网络空间安全领域的新方向、新发展、新技术和新应用，以提升我国网络空间的防护能力，助力我国实现网络强国的总体目标。

由于网络空间安全技术日新月异，而且涉及的领域非常广泛，本套丛书在选题遴选及优化和书稿创作及编审过程中难免存在疏漏和不足，诚恳希望各位读者提出宝贵意见，以利于丛书的不断精进。

机械工业出版社

近年来，全球网络空间安全形势日益复杂和严峻，大规模网络攻击频发，重大安全漏洞不断涌现，基础设施安全风险叠加升级，超大规模数据泄露趋于常态化，地缘政治冲突加剧并投射至网络空间领域，大国网络空间博弈日趋激烈。我国高度重视网络与信息安全，习近平总书记强调，没有网络安全就没有国家安全。

2021 年，我国正式步入"十四五"开局之年，《中共中央关于制定国民经济和社会发展第十四个五年规划和二〇三五年远景目标的建议》中提到，要构建系统完备、高效实用、智能绿色、安全可靠的现代化基础设施体系。系统布局新型基础设施，加快第五代移动通信、工业互联网、大数据中心等建设。

5G 是高速率、低时延、高可靠、连接数海量的新型网络，作为"新基建"之首，是构建万物互联的基础，是推动"新基建"加速发展的引擎。发展至今，5G 在网络建设、应用创新、产业支撑等方面均显现出强大动能，5G 的迅速落地催生了众多新的应用场景和复杂商业模式，同时也对网络安全提出了新的要求。5G 将实现万物互联，这意味着随时随地可能发生跨网跨界攻击，且摧毁力度越来越大。5G 时代网络攻击的"蝴蝶效应"将显现，甚至波及全球，产生难以预估的破坏力。

本书对 5G 安全发展背景进行简要描述，从技术和管理层面分析了 5G 网络面临的安全风险，同时阐述了各类创新技术如何对 5G 安全产生影响，对 MEC、网络切片等 5G 网络的关键技术安全以及 5G+垂直行业安全进行了分析，最后介绍了 5G 安全的几种典型解决方案和应用案例。

本书共 7 章，各章的具体安排如下。

第 1 章介绍 5G 安全发展背景。通过对各个时期的移动通信网络技术发展情况和相关的安全防护设计、安全缺陷以及重大安全事件的介绍，为读者理清移动通信网络发展各个阶段希望解决的问题、对应的技术与安全风险，帮助读者更好地理解 5G 网络安全设计、安全风险和防护技术。

第 2 章是 5G 网络技术。介绍了 5G 网络的基本架构、关键技术和应用场景，为读者理解 5G 安全提供了技术理论基础。另外从标准和概念层面，对 5G 网络的安全功能设计进行了详细阐述。

第 3 章主要介绍 5G 面临的安全威胁及解决方案。针对 5G 网络架构、5G 应用场景、5G 能力开放等分析了其面临的安全风险，以及各个安全风险对应的解决措施。

第 4 章主要介绍主流的前沿技术如何助力 5G 安全。本章详细介绍了 SDN、NFV、区块链、人工智能、隐私计算、零信任等主流技术在 5G 网络中的应用，包括其自身的技术原理、存在的安全问题以及如何解决 5G 网络安全问题的应用方案。

第 5 章针对 5G 网络中的两大关键技术：移动边缘计算和网络切片，详细分析其技术原理、安全风险以及安全防护技术。

第 6 章介绍了 5G 赋能典型垂直行业中存在的安全风险和解决方案。5G 网络在垂直行业的应用，是其相较于之前的移动通信网络技术较为突出的特点。本章对几个常见的 5G+垂直行业的技术应用方案、安全风险和防护技术进行了详细阐述。

第 7 章通过实际案例分析了 5G 安全的实际解决方案和应用场景，为通信行业、相关垂直行业人员提供落地应用思路。

本书仅代表作者及研究团队对于 5G 网络安全的观点。由于作者水平有限，书中难免会出现错误或疏漏之处，恳请读者批评指正，使本书得以改进和完善。

作　者

# 目 录

 # 第1章　5G 安全发展背景

从人类最初的"结绳记事"发展到现在全球统一的 5G 标准，人类在通信历史上走出的每一步都熠熠生辉，5G 正是各方创新合作的生动写照，因此在安全方面也应携手努力，加强创新合作，共同构建和平、安全、开放、合作的网络空间。本章将简要介绍移动通信发展历史，同时从安全角度出发，分析移动通信技术发展的各个阶段遇到的安全问题与解决方案，以帮助读者更好地了解移动通信网络的安全发展脉络，有助于理解 5G 网络安全风险和防护技术。

## 1.1　通信发展简史

### 1.1.1　近代移动通信发展

1835 年，美国画家莫尔斯发明了全球第一台电报机，莫尔斯密码由此诞生。电报的发明，至今已有 180 多年，同时也标志着近代通信的开始，人类利用电磁技术实现通信目的的历史开启。1871 年，电报传入中国，英国和俄国在上海搭建了电报线路；1879 年，我国修建了第一条自主电报线路，用于军用；1880 年，在天津设立电报总局；1881 年，又修建了全长 3075 里（1 里=500 米）的第一条长途电报线路——津沪电报线路。

1875 年，亚历山大·贝尔发明了世界上第一部实用的电话机。1876 年，贝尔发明的电话机在美国申请了专利。1878 年，贝尔进行了首次长途电话实验，成功完成了从波士顿到纽约 300 千米的长距离通话，后来他还成立了闻名于世的第一家电话公司——贝尔电话公司。

电话的发明，仅仅解决了两个用户之间的通话问题，无法解决多个用户的连接问题，交换机的出现进一步实现了多个用户可以互不打扰的通话。1878 年，磁石电话机和人工电话交换机诞生，这种交换机依靠人力接线。1880 年，共电式电话机问世，它通过二线制模拟用户线与本地交换机接通。1892 年，史瑞乔发明了第一台步进制电话交换机，减少了人工成本。这之后，意大利工程师马可尼于 1901 年发明了第一台无线电发报机，并且成功跨过大西洋发射了长波无线电信号。1906 年，美国物理学家费森登发明了无线电广播。

电报和电话开启了近代通信历史，但都是小范围的应用，更大规模的应用则是在第一次世界大战后才得到迅猛发展。

1922 年，16 岁的美国中学生菲洛·法恩斯沃斯设计出电视传真的第一个示意图。1929 年，菲洛·法恩斯沃斯申请了电视专利，被称为发明电视的第一人。1924 年，第一条短波通信线路建成。1933 年，法国人克拉维尔在英国和法国之间建立了第一条商业微波无线电线路，促进了无线电技术的繁荣发展。

1928 年，西屋电气公司工程师兹沃尔金发明了光电显像管。他与范瓦斯一起实现了用于电视发送和接收的电子扫描系统。这之后，超短波通信于 1930 年问世。1931 年，利用超短波跨越英吉利海峡通话取得成功。1934 年，英国和意大利使用了特殊的短波频率进行多通道通信。1940 年，德国推出了第一个短波中继通信。1946 年，中国引入了四条使用短波中继电路的电话线。1956 年，欧美长途海底电话传输建立。

20 世纪中期，电视广播、计算机、无线电、电视和数字通信呈指数增长。1962 年，地球同步卫星发射成功。1967 年，大型集成电路诞生，颗粒大小的硅晶片可以包含 1000 多个晶体管电路。1972 年，光纤得到发展。基于模拟传输的、有链接操作寻址和同步转移模式（Synchronous Transfer Mode，STM）的公众交换电话网（Public Switched Telephone Network，PSTN）网络形态沿用到现在。

1973 年，摩托罗拉公司推出了第一部手机，俗称"大哥大"。1985 年，第一部真正意义上的移动手机诞生了。1972 年至 1980 年是技术飞速发展的时期，例如大型集成电路、卫星通信、光纤通信、数字程控交换机和微处理器等技术，都取得了进一步发展。

## 1.1.2　当代移动通信发展

从 20 世纪 70 年代开始，移动技术经历了 50 多年的发展，迅速渗透到社会的各个领域，并对人类工作、生活方式和各个行业的发展趋势都产生了重大影响。同时，伴随着技术的发展，移动通信技术从第一代（1G），目前已经发展到了第五代（5G）。基于模拟技术的第一代无线通信系统（1G）仅支持模拟语音业务，带宽有限、保密性差、连接质量差、没有漫游支持、没有数据服务支持；第二代数字通信系统（2G）实现了数字传送技术和交换技术，有效提升了语音质量和网络容量，同时引入了新服务和高级应用，如用于文本信息的存储和转发短消息，2G 的演进后又发展出 2.5G，2.5G 技术除了语音和数据传输通道的交换以外，还支持数据包交换服务；3G 宽带系统则通过移动互联网扩展了业务（如图像传输、视频流和 Web 浏览等）。3G（3.5G）的发展使数据速率进一步提高，下行速率提高到 14.6Mbit/s，上行速率提高到 5.76Mbit/s。移动互联网经过 3G 时代的培育已经进入了爆发期，人们对信息的巨大需求促进了第四代（4G）移动通信系统的发展。4G 集成了 3G 和 WLAN，可以快速传输高质量的数据、音频、视频和图像。一般来说，4G 的下载速度可以超过 100Mbit/s，是 4Mbit/s 家庭宽带的 25 倍，并且可以满足用户几乎所有的无线服务要求。进入 5G 时代以后，数据速率比以前的蜂窝网络快得多，理论速率高达 10Gbit/s，将之前的 4G 速度提高了近百倍。蜂窝通信标准演进如图 1-1 所示。

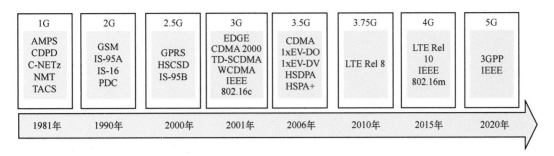

●图 1-1　蜂窝通信标准演进

## 1.1.3　各代移动通信技术特点

**1. 第一代移动通信**

移动通信发展开始于 19 世纪。1864 年，麦克斯韦从理论上证明了电磁波的存在。1876 年，赫兹通过实验证明了电磁波的存在。1900 年，马可尼及其同事成功地将电磁波用于长距离无线通信。从那时起，人类进入了无线通信的新时代。

1978 年，美国贝尔实验室开发的高级移动电话系统（Advanced Mobile Phone System，AMPS）是第一个典型的大容量模拟蜂窝电话系统。AMPS 采用的频分复用技术使移动通信获得了更高的带宽和更好的声音质量。在 20 世纪 70 年代后期，美国开始广泛使用 AMPS 并获得了消费者的一致称赞，美国 AMPS 的快速发展也刺激了全世界蜂窝移动通信技术的研究。

第一代移动通信技术（1G）于 20 世纪 80 年代初问世，并于 20 世纪 90 年代初发展完善。1G 系统使用模拟传输，导致传输质量差、安全性低、传输速率仅为 2.4kbit/s，并且操作系统不统一。

第一代移动通信系统（如 AMPS 和 TACS（Total Access Communication System，全接入通信系统））主要使用 FDMA（频分多址）技术。FDMA 数据传输技术，可以让不同的用户占用不同频率的信道进行通信。根据用户需要在多频传输系统中分配集中控制的频带，用户之间互不干扰。

随着用户需求的增大，第一代移动通信系统已不能满足日益增长的移动用户需求，主要表现在以下几点。

1）制式复杂，并且几乎不支持国际漫游。

2）不能提供 ISDN（综合业务数字网）服务。在网络趋势的发展中，移动通信领域对数字化的需求变得越来越迫切。

3）成本较高，电池充电后手机的有效工作时间只有 8h。

4）用户容量是有限的，在人口密度大的城市中难以使用。

因此，解决上述问题最有效的方法是引入数字移动通信技术。20 世纪 80 年代中期，英国、欧洲和日本等国家和地区都相继建立了自己的移动蜂窝网络：英国的 TACS、北欧的 NMT-450 系统、日本的 NTT/JTACS/NTACS 等，这些系统的工作频带在 450～900MHz

之间，载波频率间隔小于 30kHz。这些系统也被称为第一代蜂窝移动通信（1G）系统。

2. 第二代移动通信

第二代移动通信技术（2G）于 20 世纪 80 年代末推出，并在 20 世纪 90 年代末完成。2G 的基本特点是数字语音传输，2G 的传输速度高达 64kbit/s。GSM、IS-95CDMA、PDC 和 IS-136TDMA 等，是 2G 时代普遍使用的系统。2G 系统传输时主要使用 TDMA（时分多址）技术和 CDMA（码分多址）技术。与数据传输技术相对应，基本上全世界都存在 GSM 和 CDMA 系统。

2G 技术发展最初，使用欧洲的时分多址作为其核心技术，之后演变为 GSM，如今已为大家所熟悉；后来，高通的 CDMA 技术于 1995 年成熟，该标准后来发展成为 IS136 标准，其市场主要在美国。

GSM 使用窄带 TDMA 技术，它可以在同一射频上同时创建 8 个通话组。GSM 于 1991 年开始服务，于 1992 年商业化，到 1997 年底，已在 100 多个国家使用，并成为欧洲和亚洲使用最普遍的标准。GSM 通信的典型频段在 900MHz 和 1800MHz 上，使用数字传输技术通过 SIM（用户身份模块）技术来识别用户，并且可以对数据进行加密，防止窃听。除此之外，GSM 数字网络还具有保密性和抗噪性好、声音质量清晰、通话质量可靠、带宽高、开放的接口和强大的功能等优点。但是，数据传输速率较慢，仅为 9.6kbit/s，与通过座机电话拨号上网的速度相同。

中国联通和中国移动的大部分网络都采用了 GSM 标准，利用 TDMA 技术，大大提高了系统的容量，同时，2G 数字技术的发展也大大提高了用户通信质量。

高通公司的 CDMA 技术在美国和亚洲也取得了成功。CDMA 具有高带宽、高通信质量和抗干扰功能。CDMA 所有用户使用相同的频率，根据不同的代码标识不同的用户。理论上，CDMA 系统的带宽是无限的，但是由于资源和系统的限制，系统容量仍然存在上限，通常是 TDMA 带宽的 6 倍。

第二代移动通信系统的特点是基于数字传输，时分多路访问，比 1G 有更好的声音质量、更好的保密性，还可以进行数据传输、自动漫游等。2G 结合了寻址的频率和时间，提高了频率可用性并能够提高带宽，还具有更高的吞吐量和抗干扰性。但是，仍然存在数据传输速率低、数据传输服务的发展有限等问题，无法满足用户对数据传输服务日益增长的需求。由于 2G 使用时分多路复用，因此信道交换技术无法提供连续的分组服务，并且电路交换技术也需要大量资源，用户即使不使用这个时隙，这个时隙仍然会被分配给该用户。为了改进这一缺点，基于统计复用的技术被发明，资源利用率才得以提高。

面对 GSM 通信的缺点，2000 年，GPRS 通信技术出现。GPRS 技术是基于 GSM 的过渡技术，因此也称它为"2.5G"技术。GPRS 可以说是 GSM 的延续，是 GMS 发展史上重要的一步，GPRS 是 GSM 移动电话用户可用的一种移动数据业务，可以为移动用户之间的数据网络提供通信连接，为移动用户提供无线高速 X.25 和 IP 分组数据接入服务。

第 2.5 代移动通信系统（2.5G）是 2G 之后、3G 时代到来之前的过渡时期，是 2G 的扩展和改进。2.5G（GPRS 技术）是一项数据传输技术，使移动设备可以通过电子邮件和图片等方式发送和接收信息。与 GSM 相比，GPRS 在数据传输服务的实现和支持方面更具优势：能够有效利用网络资源，且传输效率更高（理论峰值为 117.2kbit/s）。传输数据的同时，还可以支持语音呼叫。然而，由于无线电信道的多径效应，GPRS 技术不能显著提高信号传输速率。因此，移动通信技术必须在制约速度提高的抗多径效应上有进一步发展。

GPRS 技术之后，又出现了 EDGE 技术，该技术是从 2.5G 到 3G 的过渡。有人称其为"2.75G"技术，EDGE 技术可以有效提高 GPRS 信道的编码效率，它的数据传输速率高达 384 kbit/s，完全满足未来无线多媒体应用程序的带宽要求。EDGE 技术还提供了从 2.5G（GPRS）到 3G 移动通信的中间解决方案，使网络运营商能够充分利用现有无线网络设备。尽管传输速率没有 3G 快，但实际的应用程序基本上可以达到拨号上网的速率，可以发送图片和电子邮件等。与此同时，它可以在生产领域中大量使用，在商业化第三代移动网络（3G）之前向用户提供多媒体个人通信服务。

### 3. 第三代移动通信

第三代移动通信技术（3G）出现在 20 世纪 90 年代后期。3G 统一了各种移动技术标准，并使用更高的频段和 CDMA 数据传输技术以支持多媒体服务。3G 的主要特点是：无缝全球漫游、高速、高频谱利用率、服务质量好、低成本和高隐私性。3G 系统的寻址方法是码分多址（CDMA），通过使用伪随机码来区分用户，这使 3G 可以共享带宽。使用 CDMA 技术让 3G 具有强大的抗干扰和多路径保护能力，并且数据速率远高于 2G。另外，3G 系统与 2G 系统兼容，升级更加方便。在数据传输方面，3G 传输速率在高速移动下支持 144 kbit/s，在低速移动下支持 384kbit/s，在静态模式下支持 2Mbit/s，并可以提供一系列移动多媒体服务。与之前的移动通信技术相比，3G 具有更快的速度和更高的带宽。除了发送语音，它还可以发送数据，从而为用户提供数据流量服务。3G 网络可以将高速蜂窝访问与基于 Internet 协议的服务相结合，以提高无线频率和卫星传输的效率。凭借全球覆盖范围以及各种无线网络之间的无缝连接，可以满足多媒体服务的需求，并为服务用户提供无线通信服务。

当前主要有三种 3G 标准：欧洲的 WCDMA、美国的 CDMA2000 和中国的 TD-SCDMA，它们共同构成了 IMT-2000。

3G 的发展可以分为两个阶段：在 3G 发展的早期，语音传输继续在原始的电路交换网络上进行，而数据传输在新实施的 IP 分组交换核心网络上进行。真实的 3G 网络是完全基于 IP 分组交换的，因此，电路交换网络在 3G 时代被淘汰，使用 IP 分组交换的语音传输实现了语音通话的完全免费。这一阶段，运营商的主要收入是数据传输，而非传统语音通信。

3G 主要应用于数据业务，能使人很明显地感觉到速度快，保密性更高，接力切换的技术大大改善了掉话现象，还可以使用可视电话、多媒体彩铃等多媒体业务。但是由于 3G 本身的局限性，如使用闭环功率控制，该电路在切换电路时易于实现，但在高速分组服务中无法使用；此外，由于 3G 的带宽有限，传输速度和抗干扰之间也存在冲突，所有这些都限制了 3G 的速度提升，这就决定了 3G 技术是窄带通信向宽带通信的过渡手段。

### 4. 第四代移动通信

第四代移动通信系统（4G）被称为 LTE，包括 FDD-LTE 和 TD-LTE 两种制式，FDD 主要用于大范围的覆盖，TD 主要用于数据业务。4G 实现了系统容量的大幅提升，为终端用户真正带来了每秒百兆比特的数据业务传输速率，极大满足了当前宽带移动通信业务的应用需求，4G LTE 系统下载速率约为 100 Mbit/s，上传速率约为 20 Mbit/s，可以满足几乎所有用户的上网需求。4G 高速网络的全球扩展以及 4G 终端的增多，为移动互联网和物联网等许多新服务的快速发展做出了贡献。

4G 移动通信系统以 OFDM（正交频分复用）为核心技术，克服了传统频分多路复用的缺点，可有效利用传输带宽并加速数据传输。OFDM 具有良好的抵抗符号间干扰和抵抗频率选择性衰落的能力，允许两个信号在传输时相互混合，并且能够适应未来的无线高速数据传输而不会失真，并且可以最大限度地利用频谱资源，因此可以解决频谱资源紧张的问题，大大促进了数据传输并大大改善了通信系统性能。

随着 4G 的广泛商业化，人们继续追求更高速率的移动通信，学术界和工业界对第五代移动网络（5G）进行研究，以应对移动数据流量的爆炸式增长，大型设备连接以及未来将继续出现的无数新服务和应用场景。与 4G LTE 相比，5G 不仅旨在应对因移动互联网的进一步发展而导致的未来移动流量爆炸式的增长，而且将满足 AI 以及 AR/VR 等各类需求，除此之外，5G 还对低能耗、低成本和广泛应用提出了新的要求，以覆盖未来崛起的各种物联网应用。

### 5. 第五代移动通信

第五代移动通信系统（5G）作为世界各个国家/地区都在关注的新技术，已经在 2020 年逐步进入商用阶段，中国、美国、韩国、日本、欧盟等国家和地区都在 5G 研发中投入了大量的资源。

与 2G、3G、4G 一样，5G 也是数字移动网络。5G 网络的优点之一是传输速度快——不仅比以前的蜂窝网络快得多，比现有的有线网络也要快，最高速率达到 10Gbit/s，几乎是 4G LTE 网络的 100 倍；5G 网络的另一个优点是低延迟——网络延迟小于 1ms，与 4G 的 30～70ms 的延迟相比，极大提升了用户体验。凭借高数据传输速率，5G 不仅为手机提供服务，而且还将为家庭和办公室网络提供物联网等其他服务。与上一代蜂窝网络相比，5G 网络的性能远远优于它们。除了出色的体验和功能，5G 技术的发展也促进了物联网时代的繁荣，并催生了众多行业。未来，5G 将结合大数据、云计算、人工智能以及其他新技术，共同为用户提供极致服务。

5G 目前的典型应用场景有三个。

1）第一个场景是 eMBB，即"增强移动宽带"。这一场景最直观的表现就是网速的飞速提升。在 5G 时代，用户流量将会趋于爆炸式增长，得益于超高的数据传输速率，视频应用也将在 5G 商业时代占据主导地位，用户可以轻松在线观看 2K/4K 视频，体验 VR/AR。5G 最高速率将达到 10Gbit/s，平均速率也将提升至 1Gbit/s，将用户体验做到极致。

2）第二个场景是 uRLLC，即"超高可靠低时延连接"。在这个场景下，连接时延往往可以低至 1ms，并支持快速行驶（500km/h）连接和高稳定性（99.999%）连接，该场景可以落地到车联网、工业控制和远程医疗等应用场景。其中，车联网行业是目前的热点，市场巨大。随着 5G 技术的发展，它带来的产值将达到 6000 亿美元，而通信模块占这些应用场景的 10%以上，因此对安全的要求极高。

3）第三个场景是 mMTC，即"海量机器类通信"，在这个场景中，5G 通过强大的连接能力迅速促进了各垂直行业的紧密集成，如智能城市、智能家居、物联网、车联网等。随着 5G 互联网的出现，人们的生活方式正在发生巨大的变化。这一场景对数据传输速率和时延的要求不高，布局终端的成本将会降低，覆盖生产生活的每个角落，但同时，也要求更长续航以及更高的安全性。

## 1.2  移动通信系统安全发展历程

### 1.2.1  移动通信系统安全技术演进

**1. 第一代模拟蜂窝移动通信系统**

第一代模拟蜂窝移动通信系统采用电子序列号（Electronical Serial Number，ESN）和移动识别号（Mobile Identification Number，MIN）进行用户认证。在用户建立呼叫时，移动台将 ESN 与 MIN 以明文方式发给移动交换机，只要两者匹配即可建立呼叫，且根据 MIN 产生用户计费。除此之外未采用任何有效的安全措施，攻击者只需用接收设备侦听到 ESN 与 MIN 即可克隆蜂窝电话，这种成本极低的攻击方式却给运营商与用户造成了巨大损失。

**2. 第二代数字蜂窝移动通信系统安全**

（1）2G 网络的安全性

以 GSM 系统为代表的第二代数字蜂窝移动通信系统，用数字信号取代模拟信号，并采用多项认证与加密技术，大大提高了蜂窝移动通信系统的安全强度。

采用用户身份模块（SIM）卡实现用户身份认证功能。数字移动电话机必须安装 SIM 卡才能使用，卡内存储了国际移动用户识别码（International Mobile Subscriber Identification Number，IMSI）、客户信息、用户密钥等内容，SIM 卡本身的安全则通过 PIN 码和 PUK 码来鉴别持有者身份。

采用用户身份认证和会话密钥来防止非授权接入。在移动终端发起呼叫后，GSM 网络端产生一个 128 比特的随机数 RAND 并发给移动终端，同时根据 IMSI 在 GSM 网络中的用户鉴权中心（AuC）查到用户密钥 Ki，将 RAND 与 Ki 用 A3 算法进行运算，生成一个认证码 SRES；移动终端将 RAND 与存储在 SIM 卡内的用户密钥 Ki 通过 A3 算法进行运算，得到应答信号 SRES'并发送至基站；基站将 SRES'、SRES 进行比对，若不一致则认证失败、中止通信，若一致则认证成功。RAND、SRES、Ki 共同组成 GSM 的鉴权向量，又称鉴权三元组。在此过程中，GSM 系统还采用临时移动用户识别码（Temporary Mobile Subscriber Identity，TMSI）代替 IMSI，达到隐藏用户身份的目的。

采用无线信道加密传输。用户身份认证成功后，GSM 网络端生成一个随机数 RAND 并发送给移动终端；移动终端将 RAND 与用户密钥 Ki 通过 A8 算法进行运算，得到会话密钥 Kc，然后将会话密钥 Kc 和会话消息的帧号作为输入，用 A5 算法对消息进行逐位异或的信道传输加密，加密后开始传输信息。接收方通过同样的方式进行解密。

（2）2G 网络的安全缺陷

随着互联网信息技术的飞速发展，第二代数字蜂窝移动通信系统在安全性方面很快暴露出诸多不足。

1）用户身份认证协议存在设计缺陷。首先，认证是单向的，只有网络对用户的身份认证，用户无法对网络的真实性进行认证，无法防御中间人攻击；其次，在用户身份认证过程中采用 TMSI 代替 IMSI，且 TMSI 由访问者位置存储器（Visitor Location Register，VLR）分配与更新，但在用户开机或 VLR 丢失数据时，IMSI 会以明文被发送，从而被攻击者轻易地监听到。

2）加密算法本身存在缺陷。A3/A8 算法（COMP128 算法）是非公开算法，且算法结构已被破解，攻击者在未获得 SIM 卡的情况下只用几个小时就能破译用户密钥 Ki，在获得 SIM 卡的情况下只需一分钟就能从 SIM 卡中提取出用户密钥 Ki，进而进行 SIM 卡克隆与欺诈。

3）加密技术应用场景覆盖不全。数据传输加密只用在了移动终端与基站之间的无线信道上，在网内和网间传输的链路信息依然使用明文传送；缺乏完整性保护，尤其是对于信令消息，消息接收者无法确定消息是否被篡改，若被篡改也难以发现。

4）无法适应攻击技术的快速迭代。无法防御 DoS 攻击，只要攻击者多次发送同一个信道请求到基站控制器，当这个信道被占满时，就会导致 DoS 攻击；无法防御重放攻击，攻击者可以滥用以前用户和网络之间的信息进行重放攻击。

（3）2G 网络安全事件——7 号信令系统漏洞

7 号信令系统（Signaling System Number 7，SS7）诞生于 20 世纪 80 年代，是一种被广泛应用在公共交换电话网、蜂窝通信网络等现代通信网络的共路信令系统，是国际电信联盟推荐首选的标准信令系统，被用于控制不同运营商之间业务交换的过程，实现电信业务的互联互通，常用于设置跨运营商的漫游。

2014 年，德国研究人员证明 7 号信令系统存在重大漏洞，攻击者可通过 7 号信令协议的漏洞访问全球任意运营商的后端，并对任意用户进行跟踪定位、通话和短信劫持。

2017 年，德国出现全球首起利用 7 号信令协议漏洞盗取银行账号的案例，攻击者串通电信运营商的员工，利用 7 号信令协议漏洞拦截了数位用户手机接收的银行交易短信验证码，进而绕过银行账号的登录保护与交易验证机制，并最终将账号内资金全部转移。

3．第三代数字蜂窝移动通信系统安全

（1）3G 网络的安全性

第三代数字蜂窝移动通信系统针对 2G 网络的安全缺陷，同时结合自身的系统安全特性，定义了更加完善的安全架构。3G 移动通信网络的安全架构由 2G 的单一层发展为 3 个逻辑层、5 类安全特征组的体系结构：3 个逻辑层分别是应用层、服务层、传输层，5 类安全特征组分别是网络接入安全特征组、网络域安全特征组、用户域安全特征组、应用程序域安全特征组、安全可视性和可配置性特征组。每个特征组针对一定的安全威胁实现相应的安全防护。

1）网络接入安全特征组定义了用户信息保密性、移动终端与网络的双向认证、用户数据与信令数据的加密、加密算法及密钥协商、数据完整性保护等安全机制，采用更安全的 f8

无线链路加密算法，实现了用户到 3G 业务的安全接入，增强了无线接入链路的抗攻击能力。其中，移动终端和网络间的双向认证采用了基于 Milenage 算法的 AKA 鉴权；为保护数据完整性，采用了消息认证算法（f9 认证算法）来保护用户和网络间的消息不被篡改。

2）网络域安全特征组定义了运营商间有线通信链路的密钥建立、密钥分配与安全通信机制，实现了运营商之间信令数据传输的认证加密，把加密范围从基站延伸至核心网区域，减少了攻击者在基站与核心节点之间破坏信息的可能性，增强了通信系统有线链路的抗攻击能力。

3）用户域安全特征组定义了用户移动终端的两种安全认证模式：一是用户到 USIM（Universal Service Identification Module，通用服务身份模块）的认证，用户使用 USIM 卡前必须输入正确的 USIM 卡密码，以确保使用该卡的用户为已授权用户；二是 USIM 到移动终端的认证，USIM 卡中必须存有正确的移动终端密钥，以确保接入移动终端的 USIM 卡为已授权。上述两种安全认证，增强了 USIM 卡及移动终端的安全性，保证了移动终端能够更安全地接入移动基站。

4）应用程序域安全特征组定义了 USIM 卡上预置应用程序与网络运营商之间传送消息的安全机制与安全级别按需选择机制，确保了网络向 USIM 应用程序传输信息的安全性。

5）安全可视性和可配置性特征组定义了用户对安全特征的能见度与可配置机制。安全可见度是指用户可查看自己所用的安全模式及安全级别等，可配置机制是指用户可对安全特征进行配置，这些特征包括用户到 USIM 的认证、接收未加密呼叫、建立非加密呼叫、接受使用某种加密算法等。

（2）3G 网络的安全缺陷

虽然 3G 系统安全较 2G 系统有所改进，但仍存在如下安全隐患。

1）未建立公钥密码体制，难以实现用户数字签名。随着移动终端存储器容量的增大、CPU 处理能力的提高以及无线传输带宽的增加，亟须建立公钥密码体制，为用户提供足够安全的鉴权、认证，保证信息的真实性与完整性。

2）认证协议存在设计缺陷。3G 网络接入安全机制将核心网默认为绝对安全，故在认证与密钥协商协议中，HLR 传给 VLR 的认证向量是通过明文传输，若攻击者对 VLR 与 HLR 之间的信息进行窃听，就可获得认证向量，从而获得用户密钥与会话密钥，进而冒充该合法用户身份入网。

3）基于序列号 SQN 同步的 DoS 攻击、IMSI 标识被动截取攻击与诱骗主动截取攻击、VLR / SGSN 与 HE / HLR 之间的带宽消耗、VLR / SGSN 认证向量存储负担等问题。

**4．第四代数字蜂窝移动通信系统安全**

（1）4G 网络的安全性

以 LTE 为代表的 4G 安全架构与 3G 的架构基本相同，具有名称相同的 3 个逻辑层和 5 类安全特征组，但比 3G 增加了 ME 和 SN 之间的非接入层安全、AN 和 SN 之间的通信安全、HE 和 SN 之间的双向认证。4G 的主要安全特性如下。

1）采用接入网分层安全机制。LTE 的 eNB 轻便小巧，能够灵活地部署于多种环境，但 eNB 部署点的接入网环境较为复杂，容易遭到恶意攻击。为使接入网安全受到威胁时不影响到核心网，LTE 采取分层安全机制，分为相互分离的接入层（AS）安全和非接入层

（NAS）安全，AS 安全负责 eNB 和 UE 之间的安全，NAS 安全负责 MME 和 UE 之间的安全。这样 LTE 系统有了两层保护，第一层是接入层网络中的 RRC 安全和用户面安全，第二层是非接入层网络信令安全。这种设计使运营商可将 eNB 放置在易受攻击的环境里，却不存在高风险，提高了整个系统的安全性。

2）更安全的认证与密钥协商协议。在 MME 发送 HSS 的认证数据请求消息中，增加了服务网络的身份信息，并针对 MME 从 HSS 请求多个认证向量情况下的处理机制做了规定，进一步提高了认证与密钥协商协议的安全性。首先，4G 增加了 UE 对服务网络的认证。4G 认证与密钥协商协议中，从 MME 到 HSS 进行认证数据请求时，增加了服务网络身份标识（SNID），通过在 HSS 侧验证 SNID，HSS 可以确保 MME 的合法性，UE 也间接地对服务网络的身份进行了认证。假设 UE 位于家乡网络（HN），信任虚假基站必须用广播信道广播本地 SNID。在收到 UE 的接入请求后，攻击者通过虚假基站将 UE 的请求消息转发到一个外地网络，在请求消息中包含本地 SNID。外地网络的 MME 收到 UE 的连接请求后，将用户身份 IMSI、SNID 发送到 HN 以请求认证向量，由于此时的 SNID 为虚假 SNID，HSS 验证服务两个网络号不相同，拒绝认证向量的请求，从而防止了虚假基站的重定向攻击。其次，4G 避免了 SQN 序列号重同步缺陷。在 4G 认证与密钥协商协议中，在一次认证与密钥协商过程中，MME 尽量保证只从 HSS 取一个认证向量，UE 和 MME 分别使用独立的 SQN 序列号管理机制。当有多个认证被 MME 请求时，MME 按序存储这些认证向量，并保证在认证与密钥协商过程中使用编号最小的认证向量，从而可以有效地避免 SQN 序列号重同步问题给系统带来的影响。

3）增加密钥管理架构。为了管理 UE 和 4G 接入网络各实体共享的密钥，LTE 定义了接入安全管理实体（Access Security Management Entity，ASME），该实体是接入网从 HSS 接收最高级（Top-Level）密钥的实体。对于 4G 接入网络而言，MME 执行 ASME 的功能，管理 UE 和 HSS 间共享的密钥、ME 和 ASME 共享的中间密钥和 4G 接入网络的密钥。

（2）4G 网络的安全缺陷

4G 的认证与密钥协商协议虽然在一定程度上做了适当修改，使得安全性能大幅度提高，但仍存在用户认证向量易被截获、IMSI 用户身份泄露的安全缺陷，攻击者可以通过监听信号获得用户 IMSI 信息，假冒用户身份入网，另外可以通过在网络域截获用户认证向量，获取机密通信密钥，此时攻击者即可享受完全的加密通信。此外，UE 和 HSS 长期共享密钥 K 以及不支持数据签名服务也给系统带来了潜在的安全问题。

1）私钥密码体制存在缺陷。4G 仍然只采用了私钥密码体制，而未采用公钥密码体制。用私钥密码体制对通信信息加密，其本身存在许多局限性。虽然私钥密码体制具有安全性能高、算法处理速度快的优点，但私钥密码体制采用共享密钥的密钥管理方式，由此产生了移动通信网络间复杂而棘手的认证密钥安全管理问题，容易引起移动用户与运营商之间难以解决的付费纠纷问题。另外，在私钥密码体制下，UE 和网络只有建立了安全关联以后才能提供空中接口的安全，造成在安全关联建立之前的信令不能被保护，因此 IMSI 保护等问题始终得不到解决。

2）eNB 具有脆弱性。由于 eNB 可部署在非安全的环境中，所以 eNB 将面临多种攻击，如被攻击者入侵，导致 eNB 内部使用的密钥被泄露，进而对 4G 网络接入安全产生严重威胁。当 eNB 被攻击者入侵控制时，目前 UE 切换时的密钥管理方法存在如下缺陷：目标

eNB 上使用的密钥 KeNB 是基于源 eNB 上的密钥 KeNB 推演得到的，因此攻击者获取源 eNB 上使用的密钥 KeNB 后，可以推演得到目标 eNB 上使用的密钥 KeNB，进而导致威胁进一步向以后的 eNB 扩散，因此当 UE 进行越区切换时接入层密钥（KeNB）的更新不具有后向安全性。

（3）4G 网络安全事件——Diameter 信令漏洞

Diameter 协议是 IETF 开发的、基于全 IP 信令技术的新一代 AAA 协议，被广泛应用在 4G 网络架构中，大量网元之间都采用 Diameter 信令进行交互，使其一度成为电信网中分布最广、最重要的信令之一。欧洲网络与信息安全局（European Network and Information Security Agency，ENISA）使用 Diameter 信令协议演示了对 4G 网络的DoS 攻击，允许暂时或永久地将目标手机与网络断开连接，这些攻击可能只是它的开始。ENISA 表示在解决 SS7 和 Diameter 攻击问题所做的工作中，只有一小部分协议已经被研究，预计将发现更多新的漏洞。

## 1.2.2　前代移动网络安全风险将影响 5G 网络安全

5G 网络目前仍处于大规模部署与商用的初期阶段，包括中国在内的大多数国家，仍然是 2G/3G/4G 与 5G 网络同时使用。所以前期移动通信网络存在的安全风险仍然可能存在。另外，根据对过往的大型移动通信安全事件的分析，安全漏洞往往发生于移动通信技术的换代阶段。移动运营商对旧网络的安全关注度不足、产学研各界对旧网络安全性研究度下降等原因都可能使攻击者"乘虚而入"。目前部分国家的 5G 试验网络采用非独立组网的 Option3 模式，即 EPC+eNB（主）/gNB 的方式组网，网络先演进无线接入网，核心网使用 LTE 的，场景以 eNB 为主基站，控制面信令由 eNB 转发，LTE eNB 和 NR gNB 双连接。由于 5G 的安全性能要由高层协议实现，这意味着在 5G 核心网没有部署的情况下，很多 5G 安全特性尚未落实。

5G 网络部署的不完善，以及用户的不同需求，导致现阶段以及未来很长时间，4G 甚至 2G、3G 将和 5G 网络同步运营，这将给 5G 网络运维带来前所未有的挑战。5G 核心网的云化发展，使资源调度更加方便，并强调统一网络规划和管理，传统网络运维模式的遗留问题更加突出。因此，实现高效的体系结构设计、选择合理的核心网的同时，考虑网络转换和升级的复杂性，以及对现有网络的影响，都是 5G 网络技术研究亟待解决的问题。并且在多网络融合的情况下，原有的 4G 卡也将接入 5G 网络，但由于 4G 卡中缺少 5G 标准中定义的新功能和新增的卡文件与服务，随着 5G 网络带来的众多新型业务场景的落地，之前的卡片结构无法为用户身份及隐私数据提供良好的安全保障。4G 网络面临的网络安全问题还将在 5G 场景中延续，5G 技术的发展，使各类垂直行业融合，将以前难以实现的场景落地。同时，在安全性方面，大连接业务（mMTC）使原来相对封闭的网络连接到互联网上，这无形中扩大了网络攻击面。未来，随着 5G 技术的发展，将会有更多的关键基础设施和重要应用都架构在 5G 网络上。5G 网络将会成为黑客攻击的重点目标，5G 网络的安全性将面临更大的挑战。

另外，在 5G 网络中加入了用户隐藏标识符及用户永久标识符，通过 SA 架构实现对用户身份信息的保护。但在多种网络模式并存的条件下，用户终端身份标识的安全威胁仍然存在。除此之外，不加密的广播消息传播、广播信号签名体系不统一也存在很大的安全威胁。

最后，5G 网络需要为不同业务场景提供定制化的安全服务，能够适应多种网络接入方式及网络架构。这些新技术、新场景和复杂的网络架构都让 5G 网络有了更高的隐私保护需求。在 5G 网络中，物联网多系统协调中的漏洞、海量终端设备的接入安全、在大数据分析过程中用户数据的采集传输及存储过程，都增加了用户隐私的泄露风险。与 4G 网络相同，用户隐私保护仍是 5G 网络的一大挑战。

 **第2章　5G 网络技术**

从本质来讲，构建 4G 网络的宗旨在于密切沟通各个群体，体现了人之人间的相联，而 5G 则会使万物互联。5G 在大幅提升移动互联网业务体验的同时，全面支持物联网业务，实现人与物、人与人和物与物之间的海量智能互联。本章将主要介绍 5G 网络基本场景以及关键技术，同时从安全演进方向，介绍 5G 安全增强，并从标准层面介绍相关 5G 安全标准进展，以帮助读者更好地了解 5G 网络的技术演进，有助于理解 5G 安全能力增强。

## 2.1　5G 网络概述

当前，全球新一轮科技革命和产业变革加速发展，5G 作为新一代信息通信技术演进升级的重要方向，是实现万物互联的关键信息基础设施、经济社会数字化转型的重要驱动力量。加快 5G 发展，深化 5G 与经济社会各领域的融合应用，将对政治、经济、文化等各领域发展带来全方位、深层次影响，将进一步重构全球创新版图、重塑全球经济结构。世界主要国家都把 5G 作为经济发展、技术创新的重点，将 5G 作为谋求竞争新优势的战略方向。

2015 年，国际电信联盟（ITU）发布了《IMT 愿景：5G 架构和总体目标》，定义了增强移动宽带（eMBB）、超高可靠低时延（uRLLC）、海量机器类型通信（mMTC）三大应用场景，以及峰值速率、流量密度等八大关键性能指标。与 4G 相比，5G 将提供至少 10 倍于 4G 的峰值速率、毫秒级的传输时延和每平方千米百万级的连接能力。根据全球移动供应商协会（GSA）统计，截至 2020 年 3 月底，全球 123 个国家的 381 个运营商宣布过它们正在投资建设 5G，且 40 个国家的 70 个运营商提供了一项或多项符合 3GPP 标准的 5G 服务。其中，有 63 个运营商发布了符合 3GPP 标准的 5G 移动服务，有 34 个运营商发布了符合 3GPP 标准的 5G 固定无线接入或家用宽带服务。

我国对 5G 的建设和发展给予高度重视，2016 年 7 月，国务院推出《国家信息化发展战略纲要》（国务院公报 2016 年第 23 号），要求 2020 年我国 5G 技术研发和标准制定要有突破进展，5G 上升到国家战略层面。紧随其后，国家陆续出台《"十三五"国家信息化规划》（国发〔2016〕73 号）、《信息通信行业发展规划（2016—2020 年）》（工信部规〔2016〕424 号）等政策文件，加速推动 5G 技术的研发、标准的制定及 5G 商用的启动。2019 年 6 月 6 日，工业和信息化部（下简称工信部）正式颁发 5G 牌照，我国超预期正式启动了 5G 商用。2020 年 3 月 4 日，中共中央政治局常务委员会议明确指出"要加快 5G 网络、数据中心等新型基础设施建设进度，要注重调动民间投资积极性"，5G 网络建设的重要性日益提升。各省市也陆续出台相关政策，加快 5G 发展步伐，5G 行业迎来了政策红利期。2021 年 4 月，工业和信息化部联合中央网信办、国家发展和改革委员会（下简称国家发改委）等 10 部门印发《5G 应用"扬帆"行动计划（2021—2023 年）》，结合当前 5G 应用现状和未来趋势，确立了我国三年的 5G 发展目标。到 2023 年，我国 5G 应用发展水平显著提升，综合实力持续增强。打造 IT（信息技术）、CT（通信技术）、OT（运营技术）深度融合新生态，实现重点领域 5G 应用深度和广度双突破，构建技术产业和标准体系双支柱，网络、平台、安全等基础能力进一步提升，5G 应用"扬帆远航"的局面逐步形成。近年来我国 5G 产业政策见表 2-1。

表 2-1 中国 5G 产业政策

| 时间 | 部门 | 政策文件 | 主要内容 |
|---|---|---|---|
| 2016 年 7 月 | 国务院 | 《国家信息化发展战略纲要》 | 要求 2020 年我国 5G 技术研发和标准制定要有突破进展 |
| 2016 年 12 月 | 国务院 | 《"十三五"国家信息化规划》 | 到 2018 年开展 5G 网络技术研发和测试工作，加快推进 5G 技术研究和产业化；到 2020 年 5G 完成技术研发测试并商用部署 |
| 2017 年 1 月 | 工信部 | 《信息通信行业发展规划（2016—2020 年）》 | 指出"十三五"规划末期成为 5G 标准和技术的全球引领者之一 |
| 2017 年 8 月 | 国务院 | 《关于进一步扩大和升级信息消费持续释放内需潜力的指导意见》 | 指出加快第五代移动通信标准研究、技术试验和产业推进，力争 2020 年启动 5G 商用 |
| 2018 年 5 月 | 工信部、国资委 | 《关于深入推进网络提速降费加快培育经济发展新动能 2018 专项行动的实施意见》 | 指出加快推进 5G 技术产业发展。扎实推进 5G 标准化、研发、应用、产业链成熟和安全配套保障，组织实施"新一代宽带无线移动通信网"重大专项，完成第三阶段技术研发试验，推动形成全球统一 5G 标准。组织 5G 应用征集大赛，促进 5G 和垂直行业融合发展，为 5G 规模组网和应用做好准备 |
| 2018 年 8 月 | 工信部、国家发改委 | 《扩大和升级信息消费三年行动计划（2018—2020 年）》 | 提出加快 5G 标准研究、技术试验，并确保 2020 年启动 5G 商用 |
| 2019 年 3 月 | 工信部、国家广播电视总局、中央广播电视总台 | 《超高清视频产业发展行动计划（2019—2022 年）》 | 指出要积极探索 5G 应用于超高清视频传输，实现超高清视频业务与 5G 的协同发展 |
| 2019 年 6 月 | 国家发改委、生态环境部、商务部 | 《推动重点消费品更新升级 畅通资源循环利用实施方案（2019—2020 年）》 | 加快推进 5G 手机商业应用，加强人工智能、生物信息、新型显示、虚拟现实等新一代信息技术在手机上的融合应用 |
| 2019 年 11 月 | 工信部 | 《"5G+工业互联网"512 工程推进方案》 | 设定到 2022 年，突破一批面向工业互联网特定需求的 5G 关键技术，打造 5 个产业公共服务平台，构建创新载体和公共验证能力，加快垂直领域"5G+工业互联网"的先导应用。提升"5G+工业互联网"网络关键技术产业能力、创新应用能力、资源供给能力 |
| 2020 年 3 月 | 工信部 | 《工业和信息化部关于推动 5G 加快发展的通知》 | 指出全力推进 5G 网络建设，加快 5G 网络建设部署，丰富 5G 技术应用场景，持续加大 5G 技术研发力度，组织开展测试验证提升技术创新的支撑能力，着力构建 5G 安全保障体系，充分发挥 5G 新型基础设施的规模效应和带动作用，支持经济高质量发展 |

（续）

| 时间 | 部门 | 政策文件 | 主要内容 |
|---|---|---|---|
| 2020 年 4 月 | 工信部、国家发改委、自然资源部 | 《有色金属行业智能工厂（矿山）建设指南（试行）》《有色金属行业智能冶炼工厂建设指南（试行）》《有色金属行业智能加工工厂建设指南（试行）》 | 积极探索 5G 等新型基础设施在企业生产中的应用，推动新技术与有色矿山的融合创新 |
| 2020 年 4 月 | 国家邮政局、工信部 | 《关于推进快递业与制造业深度融合发展的意见》 | 加快推动 5G、大数据、云计算、人工智能、区块链和物联网与制造业供应链的深度融合 |
| 2020 年 9 月 | 工信部 | 《建材工业智能制造数字转型行动计划（2021—2023 年）》 | 引导企业利用 5G 通信高带宽、低时延、大连接等技术优势，实现互联互通，鼓励在无人驾驶、远程爆破、设备运维等领域的集成创新应用 |
| 2021 年 2 月 | 工信部 | 《关于提升 5G 服务质量的通知》 | 通知指出，当前在 5G 发展加快，取得积极成效的背景下，部分电信企业用户提醒不到位、宣传营销不规范等情形正引发社会广泛关注。为切实维护用户权益，推动 5G 持续健康发展，各企业部门需要遵循 6 大举措加强提升 5G 服务质量 |
| 2021 年 4 月 | 工信部 | 《5G 应用"扬帆"行动计划（2021—2023 年）》 | 其中提出总的目标是到 2030 年 5G 个人用户普及率超过 40%，用户数超过 5.6 亿；5G 网络接入流量占比超 50%；每万人拥有 5G 基站数超过 18 个等，为实现这些目标，要实施 8 大行动 |
| 2021 年 5 月 | 工信部 | 《"5G+工业互联网"十个典型应用场景和五个重点行业实践》 | 具体介绍 10 个典型场景及 5 个重点行业"5G+工业互联网"的实际应用情况 |
| 2021 年 6 月 | 国家发改委、国家能源局、中央网信办、工信部 | 《能源领域 5G 应用实施方案》 | 方案结合发展总体要求、主要任务和保障措施，为能源领域 5G 应用提供重要指引 |

2019 年 9 月 9 日，中国联通与中国电信签订完成了 5G 共建共享合作协议，在 5G 全生命周期、全网范围内，共同建设一张 5G 接入网络，开创了双方互利共赢、良性竞合、科学发展的新局面。5G 共建共享属全球首例，技术难度极高，极富创新性和挑战性。双方联合技术攻关，联合制定标准，联合推动主设备研发，积极发挥技术引领作用，推动 3.5G 中频段大带宽、大容量、高性能基站设备的研发，在 5G 商用网络中实现了 2.7Gbit/s 的全球中频段最高网络速率，推进 2.1GHz 宽频段的国际标准制定，实现了全球首个 SA 基站的共建共享，为促进我国 5G 产业链发展、促进我国 5G 网络技术领先发挥了有力的拉动作用。

5G 发展能够促进人与人、人与物、物与物的广泛连接，直接推动 5G 手机、智能家居、可穿戴设备等产品消费，还可培育下一代社交网络、VR/AR 浸入式游戏等新业态，为我国信息消费提供新的内涵和方向。据中国信息通信研究院测算，在 2020—2025 年，5G 建设将带动新型信息产品和服务消费超过 8 万亿元。此外，基于 5G 高速率、高可靠、大连接等性能以及其延展出来的新特征，对元器件、芯片、终端、系统设备等都提出了更高要求，将直接带动相关技术产业的进步升级，有助于提升我国信息产业的国际竞争力。另一方面，5G 作为新一代信息技术基础设施，其应用场景相对宽泛，包括工业互联网、车联网、物联网等，支撑更大范围、更深层次的数字化转型。在此背景下，5G 与云计算、大数据、人工智能等技术深度融合，将支撑传统产业研发设计、生产制造、管理服务等生产流程的全面深刻变革，促进各类要素、资源的优化配置和产业链、价值链的融会贯通，使生产制造更加精益、供需匹配更加精准、产业分工更加明确，赋能传统产业优化升级。

## 2.2 5G 网络基本场景与指标介绍

### 2.2.1 5G 网络的三大场景

2015 年，国际电信联盟（ITU）发布了《IMT 愿景：5G 架构和总体目标》，并为 5G 定义了 eMBB（增强移动宽带）、mMTC（海量机器类型通信）、uRLLC（超高可靠低时延）三大应用场景。国内 IMT-2020（5G）又将 eMBB 场景细分为连续广域覆盖场景和热点高容量场景。

eMBB 典型应用包括超高清视频、3D 视频、VR/AR 等。这类场景对带宽要求极高，关键性能指标包括峰值速率、用户体验速率、流量密度、移动性、时延等。ITU 对 eMBB 速率指标最低要求为下行峰值速率达到 20Gbit/s，下行用户体验速率 100Mbit/s，上行峰值速率达到 10Gbit/s，上行用户体验速率 50Mbit/s，每平方千米最低 10Tbit/s 的流量密度、每小时 500km 以上的移动性，对于涉及交互类操作的 eMBB 应用还对时延敏感，例如虚拟现实沉浸体验，ITU 对 eMBB 时延的指标要求为小于 4ms。

uRLLC 典型应用包括车联网、工业互联网等。这类场景聚焦于对时延极其敏感的业务，如自动驾驶实时监测、工业机器设备加工制造等，高可靠性也是其基本要求。ITU 对 uRLLC 速率时延最低要求为，控制面时延小于 20ms，用户面时延小于 1ms。仅仅依赖无线和固网物理层、传输层技术进步，无法满足苛刻的时延需求。运营商在进行实际的网络部署时，需要根据垂直行业特点，引入网络与行业应用部署创新。

mMTC 典型应用包括智慧城市、智能家居等。这类应用对连接密度要求较高，ITU 对 mMTC 连接数密度最低要求为 $10^6$ 个/km²。同时 mMTC 业务也呈现行业多样性和差异化。智慧城市中的抄表应用要求终端低成本、低功耗，网络支持海量连接的小数据包；视频监控不仅部署密度高，还要求终端和网络支持高速率；智能家居业务对时延要求相对不敏感，但终端需要适应高温、低温、震动高速旋转等不同家具或电器工作环境的变化。

### 2.2.2 5G 关键能力指标

2014 年 5 月，我国 IMT-2020（5G）推进组面向全球发布了《5G 愿景与需求》白皮书，白皮书定义了 5G 六大关键性能指标（见表 2-2），主要包括用户体验速率、连接数密度、端到端时延、移动性、流量密度和用户峰值速率。其中，用户体验速率、连接数密度、端到端时延为 5G 最基本的三个性能指标。

表 2-2 IMT-2020（5G）推进组定义 5G 六大关键性能指标

| 名称 | 定义 |
| --- | --- |
| 用户体验速率/（bit/s） | 真实网络环境下用户可获得的最低传输速率 |
| 连接数密度/（个/km²） | 单位面积上支持的在线设备总和 |
| 端到端时延/ms | 数据包从源节点开始传输到被目的节点正确接收的时间 |

（续）

| 名称 | 定义 |
|---|---|
| 移动性/（km/h） | 满足一定性能要求时，收发双方间的最大相对移动速度 |
| 流量密度/[bit·s$^{-1}$·km$^{-2}$] | 单位面积区域内的总流量 |
| 用户峰值速率/（bit/s） | 单用户可获得的最高传输速率 |

2017 年，ITU-R 在《ITU-R M.2410 报告：IMT-2020 最小性能要求》中为 IMT-2020 制定了一套最低技术性能要求，作为评估 IMT-2020 候选技术的基准。其定义了 5G 需要满足的 14 项最小指标（见表 2-3），包括每项指标的详细定义、适用场景、最小指标值等，是对《IMT-2020 5G 愿景与需求》定义的关键能力指标的扩充。

表 2-3　ITU-R M.2410 报告定义的 5G 需要满足的 14 项最小指标

| 技术指标 | 应用场景 | 最低要求 |
|---|---|---|
| 峰值速率 | 移动增强带宽 | 下行 20Gbit/s，上行 10Gbit/s |
| 峰值谱效率 | 移动增强带宽 | 下行 30bit/（s·Hz），上行 15bit/（s·Hz） |
| 用户体验速率 | 移动增强带宽（密集城区） | 下行 100Mbit/s，上行 50Mbit/s |
| 5%用户谱效率 | 移动增强带宽 | 相对 IMT-A 提升 3 倍 |
| 平均谱效率 | 移动增强带宽 | 相对 IMT-A 提升 3 倍 |
| 区域流量 | 移动增强带宽（室内热点） | 10Mbit/（s·m$^2$） |
| 用户面时延 | 移动增强带宽、超高可靠低时延通信 | 移动增强带宽：4ms 超高可靠低时延通信：1ms |
| 控制面时延 | 移动增强带宽、超高可靠低时延通信 | 20ms |
| 连接密度 | 海量机器类通信 | 每平方千米百万设备 |
| 能效 | 移动增强带宽 | 支持高休眠比例和休眠时间 |
| 可靠性 | 超高可靠低时延通信 | 小区边缘层 2 的 32B 包在用户面时延 1ms 下可靠性达到 10$^{-5}$ |
| 移动性 | 移动增强带宽 | 谱效相对 IMT-A 提升 1.5 倍，最高支持 500km/h（高铁）时谱效达 0.45 bit/（s·Hz） |
| 移动终端时间 | 移动增强带宽、超高可靠低时延通信 | 0ms |
| 带宽 | 所有场景 | 100MHz（高频段应支持最高 1GHz） |
| 支持的业务类型 | 移动增强带宽、超高可靠低时延通信、海量机器类通信 | |
| 支持的频段 | 《ITU 无线电规则》目前支持的频段：24.25GHz 以上频段 | |

# 2.3　5G 网络关键技术介绍

## 2.3.1　网络切片

5G 时代，垂直行业多样化业务需求为运营商带来了巨大的挑战，如果遵循传统网络的建设思路，仅通过一张网络来满足这些彼此之间差异巨大的业务需求，那么对于运营商来说将是一笔成本巨大且效率低下的投资。为了解决这个问题，网络切片技术应运而生。根据 3GPP 定义，网络切片是可由运营商使用的、基于同客户签订的 SLA（Service Level Agreement，业务服务协议），为不同垂直行业、不同客户、不同业务提供相互隔离、功能可定制的网络服务。网络切片是一个提供特定网络能力和特性的逻辑网络。通过网络切片，运营商能够在一个通用的物理平台之上构建多个专用的、虚拟化的、互相隔离的逻辑网络，来满足不同客户对网络能力的不同要求。

5G 网络切片的标准化工作主要由 3GPP 制定。此外，NGMN、ITU、ETSI、IETF 和 GSMA 等标准化组织也对网络切片的需求和商业模式等方向展开了相关的研究。3GPP SA1 提出了网络切片的需求，通过需求分析，指出网络切片可以让运营商根据用户需求提供按需定制的逻辑网络，为 5G 多场景下的需求提供解决方案。3GPP SA2 研究端到端网络切片系统设计，定义了网络切片的相关概念和切片控制流程，包括网络切片标识、网络切片接入与选择、切片会话隔离、切片移动性管理、支持漫游等；针对 ITU 提出的三个 5G 典型应用场景，定义了不同的标准化切片/业务类型。

网络切片是端到端的逻辑子网，涉及核心网络（控制平面和用户平面）、无线接入网、IP 承载网和传送网，需要多领域的协同配合。不同的网络切片之间可共享资源也可以相互隔离。网络切片的核心网控制平面采用服务化的架构部署，用户面根据业务对转发性能的要求，综合采用软件转发加速、硬件加速等技术实现用户面部署灵活性和处理性能的平衡；在保证频谱效率、系统容量、网络质量等关键指标不受影响的情况下，无线网络切片应重点关注空口时频资源的利用效率，采用灵活的帧结构、QoS 区分等多种技术结合的方式实现无线资源的智能调度，并通过灵活的无线网络参数重配置功能，实现差异化的切片功能。

网络切片管理架构包括通信业务管理、网络切片管理、网络切片子网管理。其中通信业务管理功能（CSMF）实现业务需求到网络切片需求的映射；网络切片管理功能（NSMF）实现切片的编排管理，并将整个网络切片的 SLA 分解为不同切片子网（如核心网切片子网、无线网切片子网和承载网切片子网）的 SLA；网络切片子网管理功能（NSSMF）实现将 SLA 映射为网络服务实例和配置要求，并将指令下达给 MANO，通过 MANO 进行网络资源编排，对于承载网络的资源调度将通过与承载网络管理系统的协同来实现。

网络切片是 SDN/NFV 技术应用于 5G 网络的关键服务。一个网络切片将构成一个端到端的逻辑网络，按切片需求方的需求灵活地提供一种或多种网络服务。考虑到 5G 网络能够按照不同客户的需求灵活地划分网络切片，提供多种差异化的网络服务，5G 基础设施平台需要选择由基于通用硬件架构的数据中心构成支持 5G 网络的高性能转发要求和电信级的管理要求，并以网络切片为实例实现 5G 移动网络的定制化部署。

## 2.3.2　移动边缘计算

欧洲电信标准化协会（ETSI）对移动边缘计算（MEC）的定义为：为在距离用户移动终端最近的无线接入网（RAN）内提供 IT 服务环境和计算能力，旨在进一步减小延时/时延、提高网络运营效率、提高业务分发/传送能力、优化/改善终端用户体验。在 MEC 标准化工作初期，MEC 主要针对 3GPP 移动网络，其概念主要解释为 Mobile Edge Computing。随着 MEC 标准化工作推进，MEC 的概念被扩展为 Multi-Access Edge Computing。MEC 可支持多种非 3GPP 网络接入模式，如 Wi-Fi、有线、 ZigBee、LoRa、NB-IoT 以及工业以太网总线等各种物联网应用场景。

移动边缘计算技术通过在靠近用户的网络边缘部署移动边缘计算中心，使得传统无线接入网具备了业务本地化的条件，降低了业务响应时延，缩短了大带宽业务对传输资源的占用，大幅度提升了终端用户的体验。移动边缘计算平台在网络架构中位置非常灵活，可以根据每个地域的特性，面向垂直行业市场，按需部署，通常部署在汇聚、综合接入等边缘机房。运营商还可以通过移动边缘计算平台将无线网络能力开放给第三方应用和内容服务商。

移动边缘计算技术已经成为支撑运营商进行 5G 网络转型的关键技术，适应包括视频优化、增强现实、企业分流、车联网、物联网、视频流分析和辅助敏感计算等七大应用场景的业务发展需求。运营商在建设部署 MEC 时，也需要注意 MEC 带来的安全风险。首先，MEC 部署位置下沉到边缘机房，而部分边缘机房硬件环境不可靠，存在供电安全、防盗、物理入侵等安全挑战。而且用户面下沉至网络边缘，处于非信任域，安全防护弱，易被攻击，进而影响整个核心网络。MEC 边缘节点众多，也会给运营商管控带来难点。其次，在边缘计算平台上可部署多个应用，共享存储资源，业务应用之间可能非法访问数据。运营商需要夯实边缘机房的物理环境、保障基础设施安全。同步做好下沉的边缘节点的安全隔离和边界访问控制。统筹管理边缘节点及边缘平台。加强应用的安全防护，完善应用层接入到边缘计算节点的安全认证与授权机制，构建 MEC 安全能力。

## 2.3.3　微基站

微基站一般指的是具有低发射功率的小型化无线接入节点，与传统宏站相比，体积更小、功率更低、设备集成度更高。由于 5G 通信系统工作在 2.6GHz、3.5GHz、4.9GHz 频段甚至毫米波段，远远高于 2/3/4G 通信系统，信号在高频传播过程中衰减较大，导致基站的覆盖范围大大缩小，宏站在站址选择、安装难度、布设成本等方面面临严峻考验。微基站设备体积小，且通常为射频单元与天线一体化有源设备，不要求机房等配套设施，选址难度低，且可以充分利用墙面、灯杆等社会公共资源快速部署，安装简便，容易维护，是 5G 网络广度和深度覆盖的有力补充。

微基站应用和部署场景灵活多样，可部署在室内或室外场景提升网络容量，且支持光纤、五类线、无线等多种回传方式。微基站室外部署可采用"宏基站+小基站"联合组网，提升已覆盖区域的覆盖质量和覆盖深度。对于室外部署场景，需注意宏微基站干扰问题，合理配置邻区和站间距，降低宏微站相互干扰，做好宏微协同。5G 微基站天线系统主要分为 2T2R 与 4T4R，2T2R 微基站用于城区道路等覆盖弱盲区的补盲补弱，4T4R 小基站用于人流密集区域的容量保障，分流流量压力。

随着 5G RAN 侧开放成为行业共识，5G 白盒化微基站受到业界的高度关注，运营商们也纷纷致力于白盒化基站的探索。5G 白盒化微基站改变以往无线接入网领域的设备软硬件一体化、与核心网紧耦合的特点，将 IT 设备的能力和理念引入相对封闭的通信设备中，将设备内不同模块之间的功能定义和接口都标准化，建造更开放、更智能的无线接入网络，能大幅降低成本，加快设备部署和迭代。当 5G 微基站用在通用处理器平台行业应用场景中时，5G 微基站可以更加灵活地实现容量的按需部署、合理利用已有硬件资源、快速融合MEC 及相关应用、支持基站基础能力开放、融合泛在物联，更容易与垂直行业深度融合，满足场景化的建网需求，这将是 5G 时代重要的网络建设产品解决方案。5G 微基站将会使网络建设更加方便、快捷、灵活，面对百花齐放的 5G 行业需求，基于"开放平台"的 5G 微基站将会有很好的发展机遇。

## 2.3.4　大规模天线

随着第五代移动通信业务对小区容量需求的提高，无线接入网络系统容量和用户频谱效率亟待提升的问题日益突出。针对这一问题，5G 新空口（New Radio，NR）中的大规模天线（Massive Multiple Input and Output，Massive MIMO）技术被认为是未来 5G 的关键技术之一，推动了基站在高低频段大规模天线技术的应用。Massive MIMO 的原理是在基站端使用远超激活终端数的天线，基站到各个用户的信道趋于正交，基站到各个用户之间的干扰趋于消失。并且通过大规模天线阵列为每个用户带来阵列增益，提升单用户信噪比，从而使得Massive MIMO 可以为多个用户提供同时同频、高质量的通信。研究结果表明：在 20MHz 带宽的同频复用 TDD 系统中，每个小区用 MU-MIMO 的方式服务 42 个用户时，即使小区间无协作且接收或者发送只采用简单的最大比接收或发送（MRC/MRT）方式时，每个小区的平均容量也可高达 1.8Gbit/s。

Massive MIMO 技术的使用除了可以提升系统容量外，还会在信号处理算法、节能以及硬件实现方面带来诸多好处。首先，由于用户间信道趋近正交，所以 Massive MIMO 系统中的多种线性 MIMO 空间处理方法，包括 MRC/MRT、ZF、MMSE 的性能趋于一致，采用最简单的线性处理方法就可以得到良好性能，这大大降低了大规模天线带来的基带信号处理的复杂度，从而使得现有基带芯片可以有能力去实时处理几百个天线单元采集的信号。其次，Massive MIMO 技术可大幅度降低基站的功耗和成本，使其商用化成为可能。在保证终端接收功率不变的情况下，采用 $M$ 个天线的基站从理论上可使基站总发射功率降低为单天线基站发射功率的 $1/M$，单个天线的发射功率降低为 $1/2M$。在使用大规模天线阵列的情况下，单个天线发射功率会降至很低，可以采用低功率的功放甚至不采用功放来完成射频信号传输，这比目前基站普遍采用的大功率功放更易实现，效率更高。最后，随着集成电路技术的进步，可以在成本很低的单个芯片中集成单个天线对应的射频通道以及相应的模/数（Analog-to-Digital Conversion，ADC）转换和数/模（Digital-to-Analog Conversion，DAC）转换单元（类似于传感器网络中的传感节点）。这样，即使采用数百个天线单元，其成本也不会高于当前体积庞大的高功率基站，从而使得 Massive MIMO 比当前基站更符合绿色节能的要求。

3GPP Rel 15 5G NR 中 Massive MIMO 引入多面板阵列，高频段混合波束赋形等新的部署场景，具备传统多天线技术所无法比拟的特性和优势，主要包括以下几个方面。

1）高复用增益和分集增益。天线数目的增多，最直接的影响是为传播信道提供了更多的复用增益和分集增益，使得系统在数据速率和链路可靠性上拥有更好的性能。

2）信道渐近正交性。随着基站天线数目的大幅增加，不同用户之间的信道向量将呈现出渐近正交特性，用户间的干扰可以被有效地消除。

3）信道硬化。当基站天线数量很多时，信道的小尺度衰落效果被平均化，显著降低信号处理复杂度。

4）高能量效率。相干合并可以实现非常高的阵列增益，基站可以将能量聚焦到用户所在的空间方向上，通过大量的天线阵列增益，辐射功率可以降低一个数量级或更多。

5）高空间分辨率。随着天线阵列规模趋于无限大，基站侧形成的波束将变得非常细窄，具有极高的方向选择性及波束赋形增益。

3GPP Rel 16 NR 进一步对 Massive MIMO 进行增强，支持多用户 MIMO 的增强、支持多波束增强、支持多收发节点（TRP）/多面板传输增强、支持多波束增强并研究降低峰值平均功率比（PAPR）的 CSI-RS 和 DMRS 的增强。3GPP Rel 17 将针对实际的部署场景对 Massive MIMO 做进一步的增强，包括高速移动场景的优化、多个面板的波束选择、上行密集部署场景下的多点发送和上行覆盖增强，以及 FDD 系统的部分信道互易性等内容。

## 2.3.5　毫米波

频谱是移动通信产业最宝贵的资源，任何一代移动通信技术的正式商用，其前提是必须获取一定的频谱资源。目前国内 6GHz 以下频谱资源 5G 系统已经全面商用，很难再找到连续的大带宽频谱来支撑移动通信的超高数据速率传输，行业目光开始转向 5G 毫米波系统。毫米波一般指波长为 1～10mm、频率为 30～300GHz 的电磁波。相较于低频段，毫米波频段有丰富的带宽资源，在毫米波频段可以实现高达 800MHz 的超大带宽传输，通信速率高达 10Gbit/s，可以满足 ITU 对 5G 通信系统的要求。而且毫米波波长短、元器件尺寸较小，便于设备的集成和小型化。随着 5G 新业务数据量和用户数的爆炸式增长，通信频段必然向毫米波方向延伸，5G 移动通信将采用中低频段+毫米波频段相结合的方式。

美国、韩国、日本等国家已陆续完成 5G 毫米波频谱的划分与拍卖，欧洲联盟（简称欧盟）在 2018 年 7 月明确 24.25～27.5GHz 频段用于 5G，建议欧盟各成员国于 2020 年底前在 26GHz 频段至少保障 1GHz 频谱用于移动/固定通信网络。我国工信部于 2017 年 7 月批复 24.75～27.5GHz 和 37～42.5GHz 频段用于 5G 技术研发毫米波实验频段。在毫米波部署初期，大多数国家将注意力集中在 26GHz 和 28GHz 这两个频段上。

毫米波基带部分与 5G 低频段设备具有相同的成熟度，但是射频相关的功能和性能较 5G 低频段设备有较大差距。目前，美国、日本、韩国等已经完成 5G 毫米波频谱划分并开始商用部署，产业链较为成熟。当前国内毫米波产业链整体落后于美国，特别是在高频器件如功率放大器、低噪声放大器、锁相环电路、滤波器、高速高精度数/模及模/数转换器、高频芯片、阵列天线等方面的产业化水平明显落后。5G 乃至 6G 移动通信关键技术和产业发展成为国际竞争的重要领域，毫米波系统是 5G 通信系统的重要组成部分，同时也是 6G 更高频移动通信系统的技术准备，运营商需要从系统应用角度考虑 5G 毫米波部署和应用问题。

从毫米波传播特性和覆盖能力考虑，5G 毫米波适合部署在相对空旷、无遮挡或少遮挡的园区环境。经过多次行业会议和研讨会讨论，业界已经明确毫米波的三个典型部署场景。一是毫米波行业专网场景，5G 毫米波系统与 MEC、AI 技术相结合，可以为覆盖区域提供"大容量高速率+本地化"的智能解决方案，满足行业客户低时延、大带宽、安全隔离的需求；二是 5G 品牌价值区，毫米波在部署初期将与 6GHz 以下频段的 5G 系统结合，形成 5G 系统高、低频混合组网方式，用于重要品牌价值区域的覆盖，或者用于人流密集场所和热点区域的吸热，提供进一步的大容量上传能力；三是大带宽回传场景，毫米波可以作为无线回传链路，利用高达 800MHz 带宽、10Gbit/s 的系统峰值速率，满足一些无法布放光纤或布放光纤代价过高的固定无线宽带场景，或者毫米波自回传组网场景需求。

毫米波技术相对于 5G 低频具有带宽、时延和灵活弹性空口配置等独特优势，可以有效满足未来无线通信系统容量、传输速率和差异化应用等需求。采用低频段和毫米波频段相结合的高低频混合组网方式和灵活弹性的毫米波通信网络部署将成为 5G 移动通信系统的基本架构。

## 2.3.6　IPv6

IPv6 最早提出于 1996 年，是英文"Internet Protocol Version 6"（互联网协议第 6 版）的缩写，由互联网工程任务组（IETF）设计的用于替代IPv4的下一代互联网协议，其地址数量号称可以为全世界的每一粒沙子编上一个地址。在 5G 时代，随着在网用户和终端数量的大规模增长，IPv6 将会更大规模地应用于 5G，其强大的地址空间会为 5G 网络的发展注入新的动力。

IPv6 庞大的地址空间在 5G 时代拥有显著的优势，首先是用不完的地址，由之前的 32 位扩展到 128 位，也就是说如果给每粒沙子一个地址，对应的物理空间足有两个地球那么大，真正开创"万物互联"；其次是灵活开放，支持多种协议头扩展，不再固化头的长度，根据场景灵活使用组播和流支持提升；此外最重要的是，IPv6 相比 IPv4 具有更高的安全特性。IPv6 的安全性主要表现在：①原生支持 IPSEC，可满足端到端的加密，保障了链路传输的安全可靠；②采用新的邻居发现协议（Secure NDP），一定程度上加强了邻居网络的安全性，避免了 ARP（地址解析协议）网关欺骗；③依托无尽的地址空间，恶意探测难度加大，增加了网络扫描的难度。综上，IPv6 的以上关键特性为网络的发展提供了强有力的基础支撑。

从国际 IPv6 的发展态势看，欧美国家处于领跑地位，同时互联网巨头提前部署，创新驱动，应用牵引。从 2012 年起，以 Google、Apple、Microsoft 主导的终端操作系统全面支持 IPv6，并实现了双栈环境下 IPv6 的优先访问。截至 2018 年 3 月，通过 IPv6 网络访问 Google 网站的用户比例已经超过 22.2%。目前，全球 IPv6 部署进入良性发展阶段。2016 年至 2018 年，全球 IPv6 用户增幅超过 100%，总数已达到 5.39 亿。此外，部分电信运营商也在积极推动 IPv6 的发展。美国、日本、印度等国家，基础电信运营商都在积极部署 IPv6，且占比都非常高，比利时、美国、德国等国的 IPv6 用户数、流量等均居世界前列。截至 2021 年 4 月 8 日，中国共获得 IPv6 地址块数量为 59039 个/32，排名第二的美国拥有 57785 个/32。IPv6 在互联网的部署规模越来越大，发展迅速。

从国内 IPv6 的发展态势看，虽然我国使用 IPv6 的人均占比较低，远低于其他发达国家水平，但我国发展空间较大，后劲足，截至 2020 年 7 月，IPv6 活跃用户已达 3.62 亿，约占中国网民的 40.01%。从现阶段看，要想在 IPv6 规模部署层面取得更好的突破和进展，关键是要想方设法地挖掘、提升 IPv6 的价值。IPv6 既是国家战略，也是内在需求，2017 年中共中央办公厅、国务院办公厅联合印发《推进互联网协议第六版（IPv6）规模部署行动计划》，明确了用 5～10 年时间，形成下一代互联网自主技术体系和产业生态，建成全球最大规模的 IPv6 应用网络目标。很多国家发展 IPv6 主要是解决 IPv4 地址空间不足的问题，或是因为 IPv4 地址是动态分配的，而 IPv6 由于地址空间较大，且可以实名溯源，因此发展 IPv6 的意义更大，尤其在国家安全和反恐方面。

移动通信从 2G、3G、4G 到 5G 的演进发展，应用场景不断发生变化，未来，5G 网络将覆盖各个领域，移动互联网、物联网、工业互联网、云计算、大数据、人工智能等新领域对更大的地址空间、安全性、移动性和服务质量都提出新的要求，把 IPv6 与 5G 联系起来，能够让更多的设备加入到 5G 网络中来，相比 IPv4，IPv6 能够提供更高的安全性和更优质的服务，其作为 5G 网络的基础协议，可以极大提高 5G 网络效率，与 5G 互相助力，共同推进网络的快速发展。IPv6 已经成为 5G 网络推进智能化业务发展的基础动力。通过 5G 连接互联网的设备需要 IPv6 定义其 IP 地址，如果用路和网来比喻，5G 像是胡同和小街道，IPv6 是主干道，车辆从小路上汇集到主干路上。IPv6 从开始就考虑了网络侧和应用侧的需求，可以保证物联网的安全性、可靠性和服务质量。

## 2.4　5G 安全架构概述

安全架构是对系统安全体系化、结构化的描述，主要是从安全需求出发，围绕安全体系建设的目标，对体系中各安全模块以及它们之间关系的一个整体呈现。一个科学、合理的安全架构能够有效地指导整个系统安全机制的设计与技术研发。为此，安全架构的设计应具备良好的弹性与可扩展性，能够满足 5G 安全技术的演进发展需求。

5G 系统的安全目标是在 4G 网络安全机制的基础之上，建立以用户为中心的满足服务化安全需求的安全体系架构。为用户空口接入提供统一的认证机制，为用户与网络之间的空口传输的信令和用户数据提供机密性、完整性和抗重放保护，提供用户身份隐私的保护、密钥的协商、安全保护等机制，确保 5G 网络能够防范未授权用户访问、中间人攻击、用户身份及隐私窃取、服务网络的假冒以及拒绝服务攻击等。

5G 系统安全架构需要满足用户终端、5G 接入网、5G 核心网以及应用层的安全需求，提供对合法用户的认证授权功能及用户身份隐私保护，保证终端设备与网络功能之间控制面信令与用户面数据的安全，防止来自攻击者的主动攻击（如篡改等）与被动攻击（如窃听等）。在此基础上还应结合 5G 网络的新特性、新技术，提供基于服务架构的安全特性及网络切片安全管理等安全特性。

基于 5G 网络及业务场景的安全需求，3GPP SA3 安全工作组开展了 5G 系统安全机制的设计和标准化工作，图 2-1 为 3GPP 中定义的 5G 网络安全架构图。

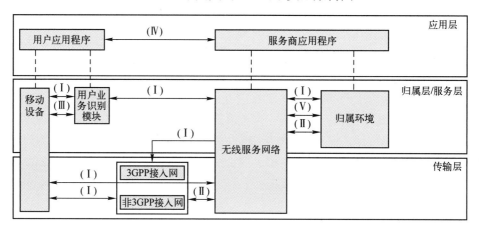

●图 2-1　5G 网络安全架构图

（图片来源：3GPP TS 33.501）

## 2.4.1　安全域

如图 2-1 所示，5G 网络安全架构可以划分为 3 个层和 6 个安全域。3 个层分别为传输层、归属/服务层以及应用层。6 个安全域分别为网络接入安全域、网络安全域、用户安全域、应用安全域、SBA 安全域以及安全的可视性与可配置性。

具体来说，3 个层之间是隔离的，主要包括以下内容。

1）传输层：最底层的传输层安全敏感度较低，包含终端部分功能、全部的基站功能和服务网络的部分核心网功能（如 UPF），基站和这部分的核心网功能不接触用户敏感数据，如用户永久标识、用户的根密钥等，仅仅管理密钥架构中的低层密钥，如用户接入密钥。低层密钥可以由属于服务层的高层密钥进行推导、替换和更新，而低层密钥不能反向推导出高层密钥。

2）归属层/服务层：服务层安全敏感度略高，包括运营商的服务网络的部分核心网功能，如 AMF（接入和移动性管理功能）、NRF（网络存储功能）、SEPP（安全边缘保护代理）、NEF（网络开放功能）等。这部分的核心网功能不接触用户的根密钥，仅管理密钥架构中的中层衍生密钥，如 AMF 密钥。中层衍生密钥可以根据归属层的高层密钥进行推导、替换和更新，而中层密钥不能反向推导出高层密钥。归属层安全敏感度较高，包含终端的 USIM 卡和归属网络的核心网 AUSF（鉴权服务功能）、UDM 功能，因此包含的数据有用户敏感数据如用户永久标识、用户的根密钥和高层密钥等。

3）应用层：应用层和业务提供商强相关，和运营商网络弱相关。和 4G 网络一样，对于安全性要求较高的业务，除了传输安全保障之外，应用层也要做端到端的安全保护。例如移动支付，即使 4G/5G 网络保障了传输的安全，应用层也要做端到端的安全保障，确保资金转移不出现问题。

6 个域可分别提供如下的安全功能。

1）网络接入域安全：表示一组安全功能，使 UE 能够安全通过网络进行认证和访问服务，包括 3GPP 接入和非 3GPP 接入，重点防止对无线接口的攻击。此外，针对接入安全，还包括从服务网络到接入网络的安全上下文传输。接入安全域关注设备接入网络的安全性，主要目标是保证设备安全地接入网络以及用户数据在该段传输的安全性。该域通过运行一系列认证协议来防止非法的网络接入，在此基础上提供完整性保护和加密等安全措施，以避免用户通信内容在无线传输路径上遭受各种恶意攻击。在 5G 网络中，服务网络由底层的公共服务节点和独立的网络切片组成，设备的接入安全包括设备与服务网络公共节点直接交互的信令安全，也包括设备与网络切片的信令和数据交互的安全。

2）网络域安全：表示一组安全功能，使网络节点能够安全地交换信令平面数据和用户平面数据。网络域安全关注接入网内部、核心网内部、接入网与核心网以及服务网络和归属网络之间信令和数据传输的安全性。

3）用户域安全：表示一组安全功能，对用户接入移动设备进行安全保护。用户安全域关注设备与身份标识模块之间的双向认证安全，在用户接入网络之前确保设备以及用户身份标识模块的合法性以及用户身份的隐私安全等。

4）应用域安全：表示一组安全功能，使得用户域和应用域中的应用能够安全地交换消息。应用安全域主要关注用户设备上的应用与服务提供方之间通信的安全性，并保证所提供的服务无法恶意获取用户的其他隐私信息。

5）SBA 域安全：表示一组安全功能，能够使 SBA 架构下的网络功能在服务网络域内与其他网络域安全地进行通信。这些功能包括网络功能注册、发现和授权安全以及对基于服务的接口（SBI）保护。与 4G 网络安全架构相比，SBA 服务域安全是适应 SBA 架构新增加的安全域。

6）安全可视性和可配置性：表示一组安全功能，使用户能够获知安全功能是否正在运行。这个安全域用来通知用户安全功能是否在运行，这些安全特性是否可以保障业务的安全使用和提供。需要注意的是，图 2-1 中并没有显示安全的可视性和可配置性。

## 2.4.2　5G 核心网周边安全

**1. 安全边缘保护代理（SEPP）**

5G 系统架构引入了安全边缘保护代理（Security Edge Protection Proxy，SEPP）作为位于 PLMN 网络边界的实体，可以更好地保护通过 N32 接口发送的控制平面消息。其中，N32 接口为两个归属于不同 PLMN（Public Land Mobile Network，公共陆地移动网）的 SEPP 之间的接口。

SEPP 的功能需求包括：

1）接收来自网络功能的所有服务层消息，并在 N32 接口发送出去之前对其进行保护；

2）接收 N32 接口上的所有消息，并在验证安全性后将其转发到相应的网络功能（其他网络功能如果存在的话）；

3）SEPP 为跨两个不同 PLMN 的两个 NF 之间交换的所有服务层信息实现应用层安全保护。

**2. 用户面安全网关（IPUPS）**

5G 系统架构在 PLMN 的边缘引入了用户面安全网关（Inter-PLMN UP Security，IPUPS）用于保护用户面消息。用户面安全网关是一项 UPF 的功能，它在拜访网络的 UPF 与归属网络的 UPF 之间的 N9 接口实施 GTP-U 安全。用户面安全网关功能可以在 UPF 中与其他功能一起被激活，也可以用于单独激活用户面安全网关功能的 UPF。

用户面安全网关功能的需求包括：

1）用户面安全网关必须仅转发包含了属于有效 PDU 会话的 F-TEID 的 GTP-U 数据包，并丢弃其他数据包；

2）用户面安全网关必须丢弃错误的 GTP-U 消息。

## 2.4.3　5G 核心网安全实体

5G 系统架构在 5G 核心网中引入了以下安全功能实体：认证服务器功能（Authentication Server Function，AUSF）、安全锚点功能（Security Anchor Function，SEAF）、认证凭证存储和处理功能（Authentication credential Repository and Processing Function，ARPF）、用户标识去隐藏功能（Subscription Identifier Deconcealing Function，SIDF）。

**1. AUSF**

AUSF 是认证服务器功能，实现 3GPP 和非 3GPP 用户的鉴权和认证。AUSF 位于运营商的安全环境中，不会暴露给未授权的物理接入。其具体功能包括计算认证向量、发送认证向量至 SEAF、推导锚点密钥并发送至 SEAF、负责与 ARPF 交互的认证、终止来自 SEAF 的请求、完成的归属域鉴权结果确认等。其中完成 AKA（Authentication and Key Agreement，认证和密钥协商）认证的归属域鉴权结果确认，是 5G 为了增强归属网络对认证的控制而新增加的功能，解决漫游地欺诈归属地接入的威胁，可以防止其他运营商利用漫游用户的认证向量伪造用户位置更新信息从而伪造话单产生漫游费用。

**2. SEAF**

SEAF 是安全锚点功能，通常与 AMF 合设。SEAF 位于运营商网络的安全环境中，不会暴露给非授权的访问。其主要功能为管理用于生成与接入网相关的密钥，完成核心网中与 AUSF 以及 5G UE 交互的认证功能，并且从 AUSF 接收 5G UE 认证过程中产生的中间密钥。SEAF 还会与 AMF 功能进行交互。漫游场景中，SEAF 位于拜访网络中。5G 网络中引入 SEAF 作为安全锚点，所有与接入网相关的密钥都直接或间接由 SEAF 生成，可以更好地保证网络功能的安全。

**3. ARPF**

ARPF 是认证凭证存储和处理功能，存储用于认证的长期安全凭证，并使用长期安全凭证作为输入执行密码运算，同时它还存储 subscriberprofile。ARPF 位于运营商的安全环境中，不会暴露给非授权的物理访问。ARPF 可以和 AUSF 进行交互。

**4. SIDF**

在介绍 SIDF 之前，先介绍两个 5G 网络中的专有名词：SUCI 和 SUPI。

SUCI（Subscription Concealed Identifier，用户隐藏标识符），使用运营商的公钥对 SUPI 进行加密。

SUPI（Subscription Permanent Identifier，用户永久标识符），是 5G 用户的永久身份，相当于 4G 中的 IMSI。

SIDF 是用户标识去隐藏功能，主要用于将 SUCI 解密得到 SUPI，SIDF 是 UDM 提供的服务。当归属网络公钥用于 SUPI 的加密时，SIDF 使用安全存储在归属运营商网络中的私钥来解密 SUCI。一般会定义和配置对 SIDF 的访问权限，仅允许归属网络的网络功能请求访问 SIDF，从而防止对用户隐私的窃取。

**5. 安全实体实现的安全功能举例——5G AKA 认证流程**

由安全功能实体结合其他 5G 网元可以实现 5G 网络的各项安全功能，下面给出一个 5G AKA 认证流程的例子，便于各位读者理解安全功能实体的作用。安全功能实体实现的更多安全功能和安全过程，可以参考安全标准 3GPP TS 33.501。

5G AKA 的认证过程如图 2-2 所示，涉及的安全实体包括 SEAF、AUSF、ARPF 等，具体流程如下。

步骤 1：UDM/ARPF 对每个 Nudm_Authenticate_Get Request 消息创建一个 5G HE AV。为此，UDM/ARPF 首先生成一个 AMF "separation bit" 为 1 的认证向量。然后，UDM/ARPF 推衍出 $K_{AUSF}$ 和 XRES*。最后，UDM/ARPF 创建一个包含 RAND、AUTN、XRES*和 $K_{AUSF}$ 的 5G HE AV。

步骤 2：UDM 在 Nudm_UEAuthentication_Get Response 消息中向 AUSF 返回所请求的 5G HE AV，并指示 5G HE AV 用于 5G AKA。若 Nudm_UEAuthentication_Get 请求中包含 SUCI，UDM 将在 Nudm_UEAuthentication_Get 响应中包含 SUPI。

步骤 3：AUSF 临时保存 XRES*及接收到的 SUCI 或 SUPI。AUSF 可保存 $K_{AUSF}$。

步骤 4：AUSF 基于从 UDM/ARPF 接收到的 5G HE AV 生成一个 5G AV。从 XRES*计算出 HXRES*，从 $K_{AUSF}$ 推衍出 $K_{SEAF}$，然后用 HXRES*和的 $K_{SEAF}$ 分别替换 5G HE AV 中的 XRES*和 $K_{AUSF}$。

步骤 5：AUSF 移除 $K_{SEAF}$，通过 Nausf_UEAuthentication_Authenticate 响应将 5G SE AV（RAND、AUTN、HXRES*）发送至 SEAF。

步骤 6：SEAF 通过 NAS 消息（Auth-Req）向 UE 发送 RAND 和 AUTN。该消息包含被 UE 和 AMF 用于标识 $K_{AMF}$ 和部分原生安全上下文的 ngKSI，以及 ABBA 参数。ME 应向 USIM 转发 NAS 消息（Auth-Req）中的 RAND 和 AUTN。

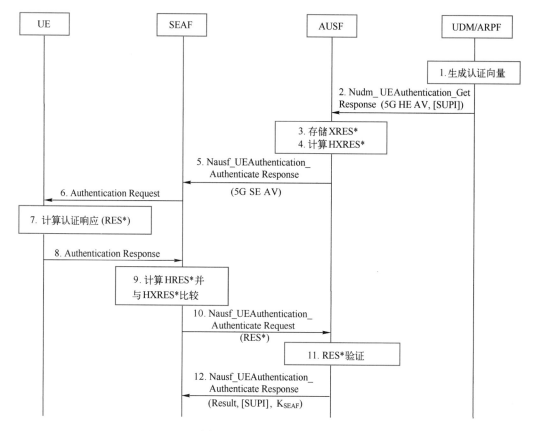

●图 2-2　5G AKA 的认证过程

（图片来源：3GPP TS 33.501）

步骤 7：收到 RAND 和 AUTN 后，USIM 应检查 AUTN 是否被接收，以此来验证认证向量是否为最新。若验证通过，USIM 应计算响应 RES，并向 ME 返回 RES、CK、IK。若 USIM 使用 3GPP TS 33.102 中描述的转换函数 c3 从 CK 和 IK 计算出 Kc（即 GPRS Kc）并将其发送给 ME，ME 应忽略该 GPRS Kc，且 GPRS Kc 不应存储在 USIM 或 ME 上。ME 应从 RES 计算 RES*。ME 应根据 3GPP 33.501 的附录 A.2 从 CK ‖ IK 推衍出 $K_{AUSF}$。ME 应根据 3GPP 33.501 的附录 A.6 从 $K_{AUSF}$ 推衍出 $K_{SEAF}$。接入 5G 的 ME 应在认证期间检查 AUTN 的 AMF 字段"separation bit"是否设为 1。"separation bit"是 AUTN 的 AMF 字段的第 0 位。

步骤 8：UE 在 NAS 消息认证响应中将 RES* 返回给 SEAF。

步骤 9：SEAF 从 RES* 计算 HRES*，并比较 HRES* 和 HXRES*。若两值一致，SEAF 将从服务网的角度认为认证成功。若不一致，则 SEAF 应认为认证失败。如果 UE 不可达，且 SEAF 从未接收到 RES*，则 SEAF 认为认证失败，并向 AUSF 指示失败。

步骤 10：SEAF 将来自 UE 的相应 SUCI 或 SUPI 通过 Nausf_UEAuthentication_Authenticate Request 消息发送给 AUSF。

步骤 11：当接收到包含 RES* 的 Nausf_UEAuthentication_Authenticate Request 消息时，

AUSF 可验证 AV 是否已过期。若 AV 过期，AUSF 可从归属网络的角度认为认证不成功。AUSF 应将接收到的 RES*与存储的 XRES*进行比较。若 RES*和 XRES*一致，AUSF 应从归属网络的角度认为认证成功。

步骤 12：AUSF 应通过 Nausf_UEAuthentication_Authenticate Response 向 SEAF 指示认证是否成功。若认证成功，则应通过 Nausf_UEAuthentication_Authenticate Response 将 $K_{SEAF}$ 发送至 SEAF。若 AUSF 在启动认证时从 SEAF 接收到 SUCI 且认证成功，AUSF 还应在 Nausf_UEAuthentication_Authenticate Response 中包含 SUPI。

若认证成功，则 SEAF 应将从 Nausf_UEAuthentication_Authenticate Response 消息中接收到密钥 $K_{SEAF}$ 作为锚密钥。然后 SEAF 应从 $K_{SEAF}$、ABBA 参数和 SUPI 推衍出 $K_{AMF}$，并向 AMF 提供 ngKSI 和 $K_{AMF}$。如果 SUCI 用于此认证，SEAF 应仅在接收到包含 SUPI 的 Nausf_UEAuthentication_Authenticate Response 消息后才向 AMF 提供 ngKSI 和 $K_{AMF}$；在服务网获知 SUPI 之前，不会向 UE 提供通信服务。

## 2.5 5G 安全增强

5G 安全标准针对 4G 系统中潜在的安全弱点，提出了一系列的安全增强。相较于 4G 网络，5G 网络在统一的安全认证、隐私保护、基于 SBA 架构的安全和运营商间的信令安全等方面实现了技术提升，同时针对 5G 切片技术安全也做了相应的规定。这些 5G 原生安全能力的增强，为 5G 网络提供了标准化的解决方案，以及相比于 4G 网络更强、更灵活的安全保障机制。后续 5G 网络安全标准还会包括更多的安全特性，以应对潜在的安全挑战，保障 5G 网络安全。

### 2.5.1 更完善的用户隐私保护

在 5G 系统中，用户的身份标识包含签约永久标识（SUbscription Permanent Identifier，SUPI）、签约隐藏保护标识（SUbscription Concealed Identifier，SUCI）、全球唯一临时标识（5G-Globally Unique Temporary UE Identity，5G-GUTI）、永久设备标识（Permanent Equipment Identifier，PEI）。5G 系统中的每个用户都会被分配一个全球唯一的 5G 签约永久标识。该标识会在 UDM/UDR 中进行配置，并只在 5G 系统中使用。此外，为了提供对用户的机密性保护，5G 系统支持由 AMF 分配临时的标识给 UE，即 5G-GUTI。

在 2G/3G/4G 中，用户永久身份 IMSI 在首次向网络认证时，以明文方式在空口传输，"IMSI catcher" 等攻击者可以利用此缺陷获取用户的 IMSI，并跟踪用户。如图 2-3 所示，5G 网络使用加密方式传送用户身份标识，通过非对称密码算法将 SUPI 加密成 SUCI 在空口发送，以便于保护用户的签约身份标识，防范攻击者利用空中接口明文传送用户身份标识来非法追踪用户的位置和信息。

具体来说，5G 系统将使用在 USIM 中配置的归属网络公钥，实现对签约永久标识 SUPI

的保护，被隐私保护后的用户标识符为用户隐藏标识符 SUCI，如图 2-3 所示。为了支持 5G 对用户身份的保护，USIM 中需要保存归属网络的公钥和身份保护机制标识。身份加密机制可以在 USIM 或者 ME 中执行，这种选择是根据运营商策略通过 USIM 指示给 ME 的。当用户提供 SUPI 给网络时会提供隐藏形式的 SUCI。如果 USIM 上没有保存对应的归属网络的公钥和身份保护机制标识，ME 将选择空机制，此时 SUPI 将不会受到隐私保护。用户身份 SUCI 的解密则通过归属网络中的 UDM 提供的 SIDF（用户标识去隐藏功能）来获得 SUPI。

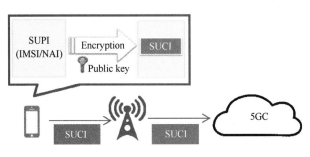

●图 2-3　更完善的用户隐私保护

## 2.5.2　增强的密码算法

随着量子计算的不断突破，计算能力的大幅跃升将为网络安全带来新挑战，许多加密算法将会变得相当脆弱。量子计算解密密钥长度为 128bit 的加密算法可能仅仅需要几分钟甚至几秒钟，这么短的耗时使 128bit 的密钥在量子计算时代将变得毫无用处。

为了应对未来量子计算对密码算法带来的影响，5G 当前已定义了相关机制，以保证量子计算机出现后 5G 网络的密码算法仍然具有足够的安全强度。目前 5G R15 标准已定义 256bit 密钥传输等相关机制，为未来引入 256bit 算法做好准备。同时 3GPP 已建议 ETSI SAGE 开始 256bit 算法评估工作。图 2-4 为 4G 和 5G 的空口加密密钥长度。

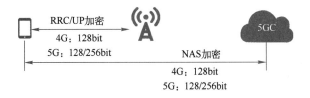

●图 2-4　4G 和 5G 的空口加密密钥长度

## 2.5.3　增强的完整性保护

5G 系统提供了用户面的完整性保护机制，如图 2-5 所示。4G 系统提供了空口信令面消息的加密和完整性保护，以及用户面消息的加密。但是由于用户面的完整性保护会增加数据的开销，给 UE 与基站的处理增加负担，因此没有考虑空口用户面数据的完整性保护。5G 系统更关注对用户数据的保护，在 4G 空口用户面数据加密保护的基础上，增加了完整性保护以防止数据被篡改，保障空口信息传输安全。由基站根据 SMF 发送的安全策略决定是否激活用户数据的完整性保护，具体安全策略的配置通过 RRC 重配置流程执行。

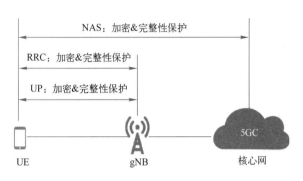

●图 2-5　5G 用户面增加完整性保护

## 2.5.4　增强的网间漫游安全

运营商之间通常需要通过转接运营商来建立连接。攻击者可以通过控制转接运营商设备的方法，假冒合法的核心网节点，发起类似 SS7 的攻击。

为避免漫游网络接入核心网的风险，5G 网络新引入了 SEPP（安全边界保护代理）网元，所有跨运营商的信息传输均需要通过该安全网元进行处理和转发，如图 2-6 所示。SEPP 用于对漫游边界的信令消息提供安全防护功能：实现消息过滤、拓扑隐藏；提供 TLS（Transport Layer Security，安全传输层协议）安全传输通道，并且为经过 IPX 网络漫游消息提供应用层的安全防护，防止传输层和应用层的数据泄密和非法篡改攻击，提升网络传输和数据的机密性、完整性，防止以中间人攻击方式获取运营商网间的敏感数据，从而降低由于运营商间通信链路不安全导致的风险。

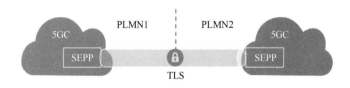

●图 2-6　增强的网间漫游安全

图 2-7 为 3GPP 定义的 5G 网络网间信令保护的示意图，其中 cSEPP 为消费者 SEPP，即信令发送方的 SEPP；pSEPP 为提供者 SEPP，即信令接收方的 SEPP，c/pIPX 为传输层的传输运营商信令转发设备。

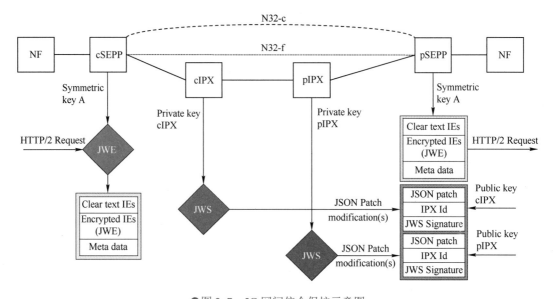

●图 2-7　5G 网间信令保护示意图

（图片来源：3GPP TS 33.501）

N32 接口可以根据用途分为如下两个子接口。

1）N32-c 接口，提供两个 SEPP 之间的初始握手过程，包括能力协商、参数交换等。

2）N32-f 接口，用于在两个 SEPP 之间发送经过安全保护的 SBI 消息。仅当使用 N32-c 接口在 SEPP 之间进行的安全能力协商结果为使用 PRINS（PRotocol for N32 INterconnect Security，用于 N32 互联安全的协议）时，才使用 N32-f 的应用层安全保护功能。

c-SEPP 与 p-SEPP 需要首先通过 N32-c 接口进行安全能力协商，协商结果有两种：TLS 和 PRINS。如果为 TLS，则 SBI 消息不经过 N32-f 接口，无须进一步协商。如果为 PRINS，则这两个 SEPP 需要继续协商使用的密码套件（包括协商共享密钥）。

## 2.5.5　统一认证框架

在 4G 网络中不同接入技术采用不同的认证方式和流程，难以保障异构网络切换时认证流程的连续性。5G 网络建立了统一的认证框架来支持 3GPP 接入和非 3GPP 接入 5G 网络，能够融合不同制式的多种接入认证方式，简化了 3GPP 接入和非 3GPP 接入的安全处理。目前，5G 网络的主认证包含 EAP-AKA'（Extensible Authentication Protocol-Authentication and Key Agreement）和 5G-AKA（5G-Authentication and Key Agreement）两种认证方法。

采用 5G 网络构建的统一认证框架，扩展了 5G 移动网络的认证能力，可以更好地支持物联网设备、垂直行业的设备接入 5G 网络，使用户可以在不同接入网络间实现无缝切换，实现灵活并且高效地支持各种应用场景下的双向身份鉴权，进而建立统一的密钥层次体系。5G 网络统一认证框架示意如图 2-8 所示。

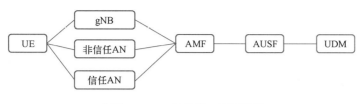

●图 2-8　5G 网络统一认证框架

在 5G 统一认证框架里，各种接入方式均可在 EAP 框架下接入 5G 核心网 CN：用户通过非 3GPP 接入时可使用 EAP-AKA'认证，有线接入时可采用 IEEE 802.1x 认证，5G 新空口接入时可使用 EAP-AKA 认证。各种接入方式均可在 5G 统一认证框架里接入 5G 核心网，不同的接入网使用在逻辑功能上统一的 AMF 和 AUSF/ARPF 提供认证服务，基于此，用户在不同接入网间进行无缝切换成为可能。统一认证框架的引入不仅能降低运营商的投资和运营成本，也为将来 5G 网络提供新业务时对用户的认证打下了坚实的基础。

# 2.6　5G 安全标准进展

## 2.6.1　3GPP 安全标准进展

5G 网络安全关键技术和解决方案与无线接入网和核心网架构密切相关，除 3GPP SA3 之外，3GPP SA1、3GPP SA2、RAN2、RAN3 等工作组，均与 5G 网络安全标准化工作密切相关。

3GPP 定义的 5G 标准包括多种网络架构，这些网络架构可以分为两类，一类重用 LTE 核心网（通常称为非独立组网，NSA），另一类需全新的 5G 核心网（通常称为独立组网，SA），两类网络的架构如图 2-9 所示。

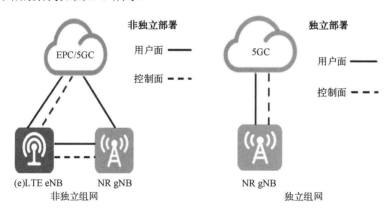

●图 2-9　5G NSA/SA 网络架构

非独立组网架构和 LTE 双连接的网络架构相同，这种架构仍使用 4G 核心网，通过 5G 新基站的部署获得 5G 的高速率、高带宽服务，实现快速部署。

独立组网架构通过全新的 5G 核心网，可获得所有新的 5G 业务能力（包括切片、低时延、高可靠等），为 5G 实现万物智能连接提供了可能性，是未来移动网络的必然演进路径。

2018 年 6 月，3GPP 完成 R15 标准制订，R15 标准是 5G 标准的第一个版本，给出了 5G 的基础架构，主要关注 5G 最初期、最迫切的应用，即 eMBB（增强移动宽带）应用场景。R15 标准形成了 5G 安全框架，解决了搭建安全网络的问题；同时确保已有的保护机制在 5G 网络新空口和新架构中的安全可用，解决了 5G 通信网络的基础安全问题。R15 标准针对信令和用户状态在不可信的拜访网络和归属网络之间的传输，以及用户身份和数据在不可信空口的传输等问题，在 5G 安全上实现了更丰富的认证机制支持、更全面的数据安全保护、更严密的用户隐私保护和更灵活的网间信息保护等设计。

2020 年 7 月，3GPP 完成 R16 标准制订，R16 标准在 eMBB 场景的基础上，对 uRLLC、mMTC 两类应用场景进行了规范。R16 标准聚焦提供更多安全服务的问题，除了 5G 网络的自身安全加固外，针对各种应用及技术提出安全保护能力要求，包括切片、边缘计算、垂直行业（cIoT、uRLLC、Vertical_LAN、车联网等），实现对 5G 系统的全面保障。

总地来说，3GPP 的安全标准分为三部分：网络自身安全能力提升、面向应用场景的业务安全、网络设备安全保障要求。

（1）网络自身安全能力提升

5G 标准对网络架构进行了完善和扩展，引入新的连接方式与通信接口，使得原有基础安全机制不再可靠，因此安全标准针对网络自身的安全机制进行了增强。同时，5G 安全标准针对 4G 网络中已经暴露出来的安全问题，以及目前能够预见到的安全风险（如量子计算等）进行了解决和增强。

eSBA 安全：增强 SBA 新架构下的服务化安全，并评估关于 inter-PLMN N9 接口的安全。

认证机制增强：3GPP 接入与非 3GPP 接入采用统一的认证框架，同时增加了归属网络的认证机制。

用户面完整性保护：空口用户面数据增加完整性保护机制。

256bit 密码算法：为应对未来量子计算机的出现，提出 256bit 密码算法，预计在 R17 支持。

5WWC 固移融合安全：制订可信非 3GPP 接入 5GC 架构的认证和密钥生成及分发机制。

IAB（接入回传一体化）安全：IAB 节点有 UE 功能，定义其接入网络的 F1 接口安全认证机制，保护 IAB 数据和信令安全。

SRVCC（5G 语音连续性）：制订 5G 语音业务回落到 3G 的安全机制。

（2）面向应用场景的业务安全

5G 网络将提供向不同垂直行业业务进行赋能的能力，新能力引入的新接口和功能处于不可信的环境下，因此安全标准针对垂直行业的通用安全需求，进一步定义了垂直行业的安全使能技术，从而更好地支持垂直行业的应用。

AKMA（安全能力开放）：使用运营商网络提供的基础密钥为第三方应用的数据提供保护，为第三方业务使用运营商网络提供安全能力开放框架。

cIoT 安全：定义小数据传输安全机制，满足 IoT 设备独有数据传输特性下的用户数据保护需求。

uRLLC 安全：提供用户面安全策略，实现对高可靠场景下冗余传输的用户会话的安全保护。

V2X 安全：V2X 协议层相关标识隐私问题是标准关注的重点，同时分析多 V2X 设备引入后的组密钥分发和广播密钥分发，为 V2X 网络的信令和数据传输提供了保护机制。

网络切片安全：定义切片认证流程以及讨论切片标识隐私保护机制，以满足对于引入垂直行业用户的切片的安全支持及授权需求。

（3）网络设备安全保障要求

5G 网络设备部署面临从设计到实现的落地，产品实现过程及安全功能缺乏可信赖的评判原则。网络设备安全保障要求定义了网络设备的安全需求和测试用例，可用于评估网络设备的安全性，确保网络设备具备良好的安全保障能力。目前已经完成包括 UDM、AUSF、NRF、UPF、AMF、SMF、SEPP、gNB、NEF 等多个网元的安全保障要求和测试方法标准的制订工作。

## 2.6.2　ITU-T 安全标准进展

ITU-T SG17 目前对于 5G 安全相关的研究项目包括 5G 边缘计算安全框架、信任模型和量子算法等方面。

5G 边缘计算安全框架项目主要研究 5G 边缘计算的典型部署模式和应用，分析边缘计算安全风险和威胁，提供边缘计算服务安全框架；5G 生态系统信任模型安全框架项目主要研究 5G 生态系统中的信任关系、安全边界，制订 5G 生态系统的安全框架；5G 系统量子算法应用安全指引项目主要研究 5G 系统应用量子算法的安全评估、5G 系统量子算法的使用、安全指导原则等。

## 2.6.3　CCSA 安全标准进展

CCSA（China Communications Standards Association，中国通信标准化协会）是国内开展通信标准研究工作的主要标准组织，其中 TC5WG5、TC8WG1、TC8WG2、TC8WG3、TC8WG4 等工作组均开展了 5G 网络安全相关行业标准的研究和编制，构建了国内 5G 网络安全标准体系，如图 2-10 所示。

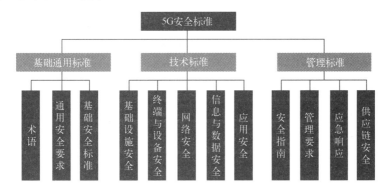

●图 2-10　5G 网络安全标准体系框架

    5G 网络安全标准体系主要涵盖基础通用标准、技术标准和管理标准三个方面。其中，基础通用标准为 5G 安全提供了基础技术支撑与通用安全框架，包括术语、通用安全要求、基础安全标准三类。技术标准从虚拟化安全、云平台安全、基站安全、切片安全、MEC 安全、涵盖数据生命周期的数据安全等方面对整个 5G 安全提出安全要求，包括基础设施安全、终端与设备安全、网络安全、信息与数据安全、应用安全五类。管理标准明确了对 5G 系统的具体安全管理要求，用于指导落实法律法规以及政府主管部门的管理要求，保证运维管理中的安全，包括安全指南、管理要求、应急响应、供应链安全四类。

# 第3章　5G 面临的安全威胁及解决方案

习近平总书记指出，没有网络安全就没有国家安全。5G 是新型关键信息基础设施之首，在推动 5G 发展的过程中，同步强化安全保障，有效防范各类风险，将成为网络安全工作的重中之重。本章主要介绍了 5G 网络面临的风险，并从网络层、业务层、管理层对安全风险应对策略进行了分析，针对 5G 典型场景下的安全风险做出解读，以便读者更深入了解 5G 网络安全风险。

## 3.1　5G 网络安全风险分析

技术上的革新带来了网络的变革，5G 网络架构也发生了改变，如图 3-1 所示。架构中采用的关键技术如下。

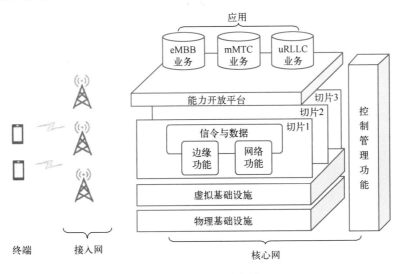

●图 3-1　5G 网络架构

1）服务化架构：5G 采用了服务化架构，并设有能力开放平台，通过特定的接口则可以使用对应的网络功能服务，多种服务之间通过网络标准接口互通，可以做到根据目标调用其他服务，重构其他功能，这些举措大大提升了核心网络的灵活性，使 5G 以一种开放的姿态迎接新的时代浪潮，满足垂直行业的各种需求。

2）网络功能虚拟化：5G 采用 NFV 技术，对传统网络的专用网元进行了解耦，分割成多个功能区块，脱离了硬件架构，形成一套统一的虚拟设施网络，实现了对网络中资源的集中控制、动态配置、高效调度、智能部署。

3）网络切片：网络切片是为了提升网络资源利用率，同时各个不同场景对应的不同网络资源进行隔离，网络切片可以使一个物理网络划分出多个特性不相同的逻辑网络，并且这些逻辑网络具有不同的完整功能。

4）边缘计算：边缘计算的提出是为了提升网络中数据的处理效率，用于满足 5G 的垂直行业对网络的低时延、大流量等方面的要求，一般来说边缘计算是位于网络边缘、靠近用户的方位来提供计算，并对数据进行处理。

5）网络能力开放：5G 网络是开放包容的，第三方应用可以通过能力开放接口调用网络的能力，按需定制个性化的网络服务。

6）接入网关键技术：5G 为了应对各种业务及场景，在接入网侧采用了灵活的系统设计，并且通过新型信道编码方案、大规模天线等技术做到了数据更高效的传输以及更广阔的信号覆盖范围。3GPP 在标准中明确定义了接入与核心网之间的接口，二者有着明确的边界，即使有一部分 5G 核心网的功能部署在边缘区域，二者在功能上有着明确的界限。因为边界上的安全一般比较脆弱，可以考虑将安全网关部署在核心网和接入网之间来解决这个问题。

5G 网络充分体现了 IT 技术与移动通信技术的深度融合，带来了网络架构的变革，本章将从网络层安全、业务层安全、管理层安全、数据安全、共享共建安全来分析。

## 3.1.1　网络层安全风险及策略

从 5G 网络架构来看，可从接入侧、边缘侧、核心侧分析 5G 网络层的安全风险。

**1. 空口安全风险及策略**

（1）空口安全风险

接入侧存在的安全风险主要包括空口 DDoS 攻击安全风险和空口数据传输安全风险。

1）空口 DDoS 攻击安全风险

5G 大连接特性加大空口 DDoS 攻击安全风险，在 5G 无线环境下，大量的物联网设备被广泛部署在网络中，并不是所有的物联网都具有很好的安全性，当安全性较低的物联网设备被第三方恶意入侵控制时，可能会对信令网络发起 DDoS 攻击或引发信令风暴，从而使得网络设备功能不可用以至于瘫痪。

2）空口数据传输存在被窃取篡改安全风险

为了提供更好的服务，并降低数据的传输实验，在接入侧可能选择对用户数据以明文形式传输而不做加密或完整性保护，这会使用户的数据面临暴露在第三方恶意攻击者面前的危险，从而造成数据泄露，特别是用户个人标识 SUPI 明文传输被截获将泄露用户的个人隐私信息，这将造成严重恶劣的社会影响。

安全事件

1）2016 年，Mirai 病毒感染 250 余万台网络摄像头等物联网设备，对域名服务器进行

DDoS 攻击，全球共 164 个国家受影响。

2）虽然空口窃听难度较大，但确实存在利用通信协议漏洞窃听用户数据的可行性。例如 2019 年，德国的研究者发现了 4G "ReVoLTE" 漏洞，可造成用户通话被窃听。

（2）空口安全策略

5G 接入侧建设和部署安全策略建议如下。

1）加强攻击防范和溯源能力：根据 5G 网络部署现状，部署或升级移动恶意程序检测系统、行业终端异常行为及异常流量监控系统、上网日志留存系统；同时联动核心网对异常终端采用限速、黑名单等处置方式，提高空口防护系统智能化和联动水平。

2）加强空口数据的加密和完整性保护：采取多种不同的加密方式降低数据被破解的风险，防止攻击者对信令和用户数据进行拦截窃听。针对传输的信令与用户面数据均配置合适的安全策略，提升空口传输的信令与数据的安全，在接入层中有限的计算资源下控制设备能效与安全之间的平衡。

**2．5GC 安全风险及策略**

（1）5GC 安全风险

5G 核心网采用 SBA（Service Based Architecture）新架构，同时引入了 NFV 等新型技术，对核心网的存储、计算等多层面的资源进行了虚拟化，网络安全边界变得更加模糊。5GC 除了继承 2G/3G/4G 核心网的传统安全风险外，还增加了 SBA 架构、网络虚拟化等新的安全风险。

1）虚拟化安全风险：虚拟化面临的安全威胁包括虚拟机逃逸、虚拟机间嗅探、虚拟机镜像文件防护不足等风险；同时由于虚拟化大量采用开源和第三方软件，引入安全漏洞的可能性加大。

2）VNF 的安全风险：在 VNF 生命周期各个阶段均存在不同的安全威胁，包括非法访问、篡改、删除 VNF 软件包等；同时一个 VNF 被攻击后将会波及其他 VNF。

3）管理控制功能高度集中的安全风险：虚拟化环境下，管理控制功能高度集中，其中 MANO 用于整体编排和控制管理，一旦其功能失效或被非法控制，将影响整个系统的安全稳定运行。

4）SBA 架构安全风险：由于 5G 核心网采用 SBA 架构，各网络功能之间使用 REST API 接口通信。当 5GC 被攻击者攻破后，横向攻击变得更加容易，可能存在攻击者假冒 NF 接入核心网络进行非法访问、NF 间传输的通信数据被窃听和篡改等风险。

（2）5GC 安全策略

传统的在物理边界进行安全防护的模式已经不能满足 5G 网络云化的安全需求。核心网的安全策略需要从边界防护向纵深防御转变，需要重点考虑新架构以及虚拟化带来的新的安全需求，采取多重防护措施保障核心网云化的安全。

1）保障虚拟化基础设施安全：对核心网的虚拟化基础设施进行安全加固；采取有效的隔离机制保证物理和虚拟边界的安全；加强开源第三方软件安全管理，定期进行漏洞扫描、病毒查杀等；加强物理主机的防病毒、防入侵能力。

2）建立 VNF 监测及防护体系：对 VNF 生命周期的各个阶段进行监测及安全防护，加强对 VNF 访问控制权限的设置；对 UMD 等网元涉及的关键数据进行安全存储和备份等。

3）加强对 MANO 网元的安全防护：对 MANO 网元设置访问控制策略，防止非法访问、敏感信息泄露；MANO 与其他网元交互的信息需受到机密性和完整性保护；合理分配和管理 MANO 网元的账号权限，进行操作安全审计等。

4）增强 SBA 架构的防御能力：除做好 5GC 的边界隔离之外，在 5GC 内部应用 OAuth 授权及 HTTPS，NF 间的通信进行认证加密，防止攻击者假冒 NF 接入 5GC，保障 NF 间传输的数据安全。

**3. IPv6 安全风险及策略**

IPv6 能够提供更高的安全性和更优质的服务，其作为 5G 网络的基础协议，可以极大提高 5G 网络效率，与 5G 互相助力，共同推进网络的快速发展，在部署方面，考虑到平滑演进的原则，IPv4 到 IPv6 的过渡不可能一蹴而就，实现完全转化需要经历以下三个阶段。

（1）IPv6 孤岛阶段

现网中大部分是 IPv4 网络，一部分子网络存在 IPv4 与 IPv6 服务，主要的模式是 IPv6 穿越 IPv4 网络，或者 IPv6 访问 IPv4 网络，或者 IPv6 访问 IPv4 服务。

（2）双栈网络阶段

目前更多场景下采用了 IPv4 与 IPv6 双栈的模式，主要考虑网络和业务同时具备 IPv4 与 IPv6 能力，这样部署的好处在于网络的互通性较好，IPv4 与 IPv6 不存在网络部署上的相互影响，可以按需部署，网络规划相对简单。

（3）IPv4 孤岛阶段

该阶段主要考虑 IPv4 穿越 IPv6 网络。

5G 网络与 IPv6 的密切联合，将会给人们的生活带来极大的改善，向智能、便捷、安全等方向大步迈进。但 IPv6 是把双刃剑，相对 IPv4，IPv6 在组网架构和服务方式上有较大的变化，这些变化给 IPv6 带来了新的安全挑战，除了继承 IPv4 的一些安全风险外，还引入了一些新的安全风险，主要表现在如下几个方面。

（1）IPv6 报头安全缺陷

报头安全威胁包括基本报头和扩展报头安全威胁。其中基本报头版本主要指版本字段、下一报头字段以及跳限制字段安全威胁，攻击者对字段进行填充、篡改、伪造等；扩展报头攻击主要来源于四种威胁，分别是安全机制规避、由于处理要求而创造 DoS 条件、因为部署错误而创造 DoS 条件、每个扩展报头特定的安全问题。对扩展报头的使用，IPv6 规范对扩展报头的顺序和出现次数等没有给出足够的约束，会导致极大的安全问题。

（2）协议安全威胁

IPv6 使用 ICMPv6 来提供管理、控制和网络诊断等功能，包括了 IPv4 中的 ICMP 和 ARP，此外，IPv6 还增加了 NDP（邻居协议）。针对 ICMP 存在的攻击包括差错、泛洪攻击等；相对 ICMP，由于邻居协议是基于网络完全可信而设计的，对邻居发现报文缺乏有效的认证机制，恶意节点一方面通过伪造邻居发现报文会造成拒绝服务攻击，即通过发送各类虚假邻居发现报文欺骗与干扰被攻击节点与其他节点间的通信，使其造成拒绝服务。另一方面造成重定向攻击，即利用恶意重定向报文使得特定数据包被恶意发往其他节点，破坏其正常的网络通信或开展针对性的中间人攻击。

（3）地址自动配置安全威胁

IPv6 支持有状态地址自动配置和无状态地址自动配置，分别对应于有无 DHCPv6 服务器的支持。无状态地址自动配置主要存在的威胁有重复地址检测、拒绝服务攻击和网络前缀发现过程中的 RA 报文欺骗；有状态地址配置存在的安全威胁则是如果 DHCPv6 服务被打断或破坏，该 IPv6 网络内的节点将无法分配到 IPv6 地址。此外，攻击节点发送伪造 RA 报文，会造成节点使用 DHCPv6 服务器分配到的虚假 IPv6 地址。

（4）过渡机制安全威胁

前面提到三种从 IPv4 到 IPv6 的过渡机制，过渡机制容易让 IPv4 与 IPv6 相互影响，带来一定的安全隐患。IPv4 和 IPv6 双协议栈同时存在，但很多单位的安全基础设施或许无法同时识别这两种协议。此外，双协议栈将会增加网络环境的复杂性，意味着出错的概率增加了一倍，安装新设备或者改变现有设备时需要进行的网络配置也增加了一倍。而且，对上层协议的攻击可以使用 IPv4 或 IPv6 进行，管理员需要同时对两种协议栈进行维护才能降低安全威胁。

针对 IPv6 目前面临的威胁，采取的解决方案包括协议漏洞的及时修补，过渡情况下加强对 IPv4 与 IPv6 共存和混合网络之间交叉威胁的防护。IPv6 的安全提升离不开业界各方的共同努力，相信随着 IPv6 部署和应用的日益推进，在各界的共同努力下，IPv6 的安全问题也会随之得到妥善解决。

## 3.1.2　业务层安全风险及策略

**1. 业务层安全风险**

（1）5G 网络能力开放，带来新的安全风险

5G 网络通过服务化的架构，运用 API 等手段，以编排和赋能的方式将其网络能力提供给外部第三方，如图 3-2 所示。其中向第三方开放的 API 接口可能被非法或者越权调用，占用网络资源；甚至可能被攻击者利用，对网络发起 DDoS 攻击。

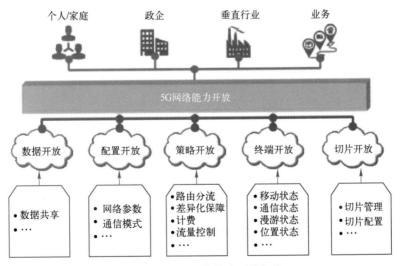

●图 3-2　5G 网络能力开放架构

（2）5G 业务与垂直行业紧密融合，对各行各业安全能力提出更高要求

5G 网络将进一步面向各行业开放，意味着更多第三方应用将和运营商网络设备紧耦合部署，安全规划、安全基线、安全能力建设将不再局限于对运营商自身网络的防护，对运营商的网络与信息安全管控能力提出更高的要求。

**2. 业务层重点问题**

1）传统的安全评估手段需要优化升级以加强对第三方应用的安全检测。

2）如何更好地对合作方进行约束管理，明确各方的安全责任，也是亟须解决的安全问题。

**3. 业务层应对策略**

1）加强开放 API 接口的安全防护：保障 API 开放接口与第三方的认证授权机制，使用安全的传输协议，对 API 接口的调用次数、总流量等做限制，防止 DDoS 攻击。

2）加强 5G 安全评估研究：5G 网络的安全基线、安全漏洞等安全评估要求不仅需要覆盖运营商核心网络设备，更要考虑到第三方应用带来的安全风险；在保证 5G 网络开放性的同时，确保运营商网络可管可控。

3）完善合作方的管控机制：加强对合作方的审查管理，明确各方的安全责任划分并协作落实。

## 3.1.3 管理层安全风险及策略

**1. 管理层安全风险**

5G 网络的安全管理贯穿于部署运营的整个生命周期，面临的安全风险主要包括 5G 安全设计、5G 网络部署和 5G 运行维护三个方面。

（1）5G 安全设计方面的安全风险

由于 5G 网络的开放性和复杂性，其对权限管理、安全域划分隔离、内部风险评估控制、应急处置等方面提出更高要求。

（2）5G 网络部署方面的安全风险

网元分布式部署可能面临系统配置不合理、物理环境防护不足等问题。运营支撑系统分级管理模式下，低级别系统通常部署分散，安全管理与防御能力较弱，容易被非法使用，造成业务数据的泄露或者丢失。

（3）5G 运行维护方面的安全风险

5G 具有运维粒度细和运营角色多的特点，细粒度的运维要求和运维角色的多样化意味着运维配置错误的风险提升，错误的安全配置可能导致 5G 网络遭受不必要的安全攻击。如果运营支撑系统存在安全漏洞，遭到黑客攻击，会导致网络功能遭到破坏。

**2. 管理层安全策略**

应对 5G 网络安全风险，提高 5G 网络整体安全性，5G 管理层建设和部署安全策略建议如下。

（1）统筹设计 5G 安全一体化防护体系，保障安全策略统一实施

全局化建立 5G 安全态势感知能力、主动安全防御能力、安全应急处置能力、攻击溯源与恢复能力、安全运维保障能力。

（2）全力推进 5G 安全网络部署，提升网络安全合规管理

推动资产识别、漏洞挖掘、入侵防御、数据保护等网络安全功能演进升级，持续构建完备、多元、可靠的 5G 安全网络服务。

（3）全面建设 5G 安全韧性网络，强化网络安全运维能力

深化安全资产管理，提升风险预警、联动处置、追踪溯源能力，建立 5G 分层分域纵深安全保障体系，及时进行系统安全加固，对管理控制操作进行安全跟踪和审计，提升防御能力。

## 3.1.4　数据安全风险及策略

**1. 数据安全风险**

5G 是万物互联的时代，各类智慧城市、智慧家庭、个人辅助类的应用将使用海量的传感设备，室内室外地上地下全方位的数据采集结合云计算和大数据技术，在给人们生活和城市管理带来便利的同时，也隐藏着巨大的数据安全和隐私保护风险。万物互联之后，个人隐私信息从封闭转为开放，接触状态从线下变为线上，使得数据泄露的风险不断加大，对比现有的相对封闭的移动通信系统来说，会面临更多的网络空间安全问题。比如 APT 攻击、DDoS、Worm 恶意软件攻击等，而且攻击会更加猛烈，规模更大，影响也更大。

结合 5G 网络发展特性，数据安全风险主要总结为以下三方面。

1）5G 网络下的新技术和新架构给用户隐私数据带来安全风险。5G 网络中大量引入虚拟化技术、网络开源技术，在带来灵活性的同时也使得网络安全边界更加模糊，在多租户共享计算资源的情况下，用户的隐私数据更容易受到攻击和泄露。相比传统网络而言，这种情况所产生的隐私泄露影响范围更广、危害更大。对比于传统网络架构，5G 是异构的网络，各种接入技术对隐私信息的保护程度不同，用户数据可能穿越不同网络，导致隐私数据散布在网络的各个角落，从而增加了隐私数据暴露的安全风险。

2）5G 网络针对垂直行业用户产生大量敏感信息，引入安全风险。uRLLC（高可靠低延时连接）作为 5G 网络典型应用场景广泛应用于车联网自动驾驶及远程工业控制领域，在自动驾驶过程中，车辆身份信息、位置信息存在被暴露风险。而 mMTC（海量物联网）和 eMBB（增强型移动带宽）场景使得 5G 网络中的业务信息会以几何级别增长。通过对这些海量数据进行分析，网络用户隐私信息可能会被泄露。除了上述提到的行业，还有很多垂直行业的业务，包括医疗健康、智能家居等，将会转移到 5G 网络平台上，相关的隐私信息也将随着业务的转移，从封闭的平台转移到开放的平台上，接触状态从线下变为线上，数据泄露风险也随之增加。

3）5G 网络作为一个复杂生态系统，使得用户数据面临安全风险。5G 生态系统中存在基础设施提供商、移动通信运营商、虚拟运营商等多种类型参与方，用户数据在这个由多种接入技术、多层网络、多种设备和多个参与方交互的复杂网络中存储、传输和处理，面临着诸多隐私泄露的风险。

**2. 网络域、IT 支撑域、管理域三域数据融合后的安全风险**

在 5G 网络发展下，为快速响应市场变化、提高创新效率、实现智能化场景服务能力运营，运营商加快了面向 5G 的中台体系建设，全面推进网络域、IT 支撑域、管理域三域数据融合。网络域、IT 支撑域、管理域三域数据融合方案在面对电信运营商数据中台体系建设、5G 网络智能化、数字化及场景化运营等需求时，提供最新的 5G 场景化方案支持。但是，在充分考虑三域数据融合带来有益发展的同时，也应考虑到三域数据融合带来的数据安全风险。

1）三域数据融合将汇聚来自各系统，不同结构、格式的数据，这将导致数据安全边界模糊，可能引入未知的漏洞。

2）三域数据融合能够汇聚众多用户数据，却造成了用户数据隔离的困难。

3）5G 环境下数字化生活、智慧城市、工业大数据等新技术、新业务、新领域创造出纷繁多样的数据应用场景。在此背景下，三域数据融合保障多渠道与多领域数据融合过程中的数据安全成为挑战。

**3. 数据安全策略**

以强化 5G 网络数据安全保护为目标，围绕 5G 各类典型技术和车联网、工业互联网等典型应用场景，健全完善数据安全管理制度与标准规范。建立 5G 典型场景数据安全风险动态评估评测机制，强化评估结果运用。合理划分网络运营商、行业服务提供商等各方数据安全和用户个人信息保护责任，明确 5G 环境下数据安全基线要求，加强监督执法。推动数据安全合规性评估认证，构建完善技术保障体系，切实提升 5G 数据安全保护水平。

针对 5G 网络上承载的大量用户隐私及敏感信息数据，不同用户、不同业务场景对隐私保护的需求不尽相同，因此需要针对不同的用户和业务场景采用不同的解决方案。根据隐私数据在 5G 网络中的实际使用情况，从数据采集传输、数据脱敏、数据加密、安全基线建立、数据发布保护等方面采用不同技术措施保证数据的隐私安全。解决方案中采取的主要技术措施有：数据加密技术、基于限制发布的隐私保护技术、访问控制技术、虚拟存储和传输保护技术、5G 网络隐私增强技术等。

运营商由于掌握大量用户数据，应综合从管理体系、规范制度、保护能力、生态合力等多方面着力，一是制定规范化数据保护制度和标准，强化制度保障，制定相关数据安全管理办法、数据治理管理办法、用户数据分级规范等基础标准，保障个人数据全生命周期安全；二是研发个人隐私保护技术，结合差分隐私保护、安全多方计算、区块链等技术，使用技术手段保障数据安全；三是建立安全数据平台并增强数据安全态势感知能力；四是加强垂直行业合作，共享生态合力，参与制订相关行业标准，加强交流，推动各垂直行业相关数据安全研究。

## 3.1.5 共建共享安全风险及应对策略

**1. 共建共享安全风险**

5G 共建共享使得运营商的网络体系由封闭向开放共享转变，在共享基站、承载网互通、网管开放、共享数据、安全管理等方面，均引入了新的安全风险。

共享基站增大了与其他网元的回传链路的通信安全风险；承载网互通带来了不合规的外部流量，这些尝试攻击路由互通节点，互通节点的路由设备的安全漏洞被利用会造成路由信息泄露的安全风险；网管系统的开放带来非授权访问/越权访问、网管系统的 O&M 流量被窃听和篡改等安全风险；共享数据面临防护不当而被泄露的安全风险；共建共享采取联合运营模式，若双方安全管理制度不完善、安全职责不清晰，会出现安全突发事件的响应不及时、操作联动效率低、处置不到位等安全风险。

**2. 共建共享安全策略**

在基础 5G 网络安全策略的基础上，共建共享在共享基站、承载网互通、网管开放、安全管理等方面的安全策略均有所增强。

共建共享安全策略包括对共享基站的回传接口按需开启 IPSec 加密认证，保证传输安全；承载网互通节点的路由设备配置 ACL 访问策略；加强开放能力的无线 OMC 网管的安全管理，做好网管设备、接口、终端的安全域划分，明晰安全域边界，落实各边界接入要求及安全策略；对共享数据采取适当的数据安全管控措施，保证 5G 共建共享网络数据的安全，有效防范敏感数据泄露；与电信共同制订快速有效的响应与协作机制，明确各种场景下的安全职责等。

## 3.2 5G 共建共享安全分析

随着 5G 网络的发展，其网络建设的投资和成本逐步增加。由于 5G 单站价格高、站址密集、传输需求大，因此 5G 网络的 CAPEX（Capital Expense）成本剧增。粗略估算，若建设 70 万个 5G 基站，5G 建网投资估算约 2500 亿元；若实现全国覆盖，至少需要 200 万个 5G 基站，成本将会更高。同时 5G 网络运营成本压力加大，单个 5G 有源天线最大功耗约 1100W，未来有望降低至 800～1000W，但仍远高于现网 RRU（约250W），能耗巨大。此外，5G AAU 与现网 2G/3G/4G 无源天线需相互独立部署，天面空间更加紧张。整体来看，相同基站规模下，5G 网络的 OPEX（Operating Expense）也将高于 4G 网络数倍。

因此，以扩覆盖、降成本、一张网为目标，开展 5G 网络共建共享、降本增效、提升资产运营效率是大势所趋，国内外均开展了网络共建共享的多种尝试。例如，中国联通与中国电信于 2019 年签署《5G 网络共建共享框架合作协议书》，双方划定区域，分区建设，各自负责在划定区域内的 5G 网络建设相关工作，以"谁建设、谁投资、谁维护、谁承担"原则分摊网络运营成本。中国移动与中国广电于 2021 年订立有关 5G 共建共享的具体合作协议，双方共同建设 700MHz 无线网络，中国移动向中国广电有偿共享 2.6GHz 网络。欧洲沃达丰将网络共享作为其整体策略，英国、西班牙、意大利、澳大利亚均在实施，共享方式也基本采用在大城市独立建设以保持网络建设和业务的独立性，在非核心区域采取网络共享，以节省成本。2020 年 3 月，诺基亚携手 Telenor 和 Telia 在丹麦完成了 5G MOCN（Multi-Operator Core Network）功能的部署。

采用共建共享方式建设 5G 网络，可以大大节省投资成本，实现带宽翻倍、速率翻倍、覆盖翻倍。但是共建共享使得双方的移动网络由封闭向开放转变，带来了开放性的安全风险。在目前共建共享条件下，存在多种边界场景，例如跨运营商场景、共享与非共享场景，客观上也使得共建共享面临诸多安全挑战。本节将从 5G 共建共享网络架构出发，分析接入网、承载网、核心网、网管系统等由于共建共享带来的新的安全风险及相应的应对策略，从而保障共建共享场景下双方的网络安全。

## 3.2.1 共建共享网络架构

根据共享方式和共享程度的不同，共享网络架构一般分为以下 4 种：站址共享、分载频共享（Multi-Operator Radio Access Network，MORAN）、共载频共享（Multi-Operator Core Network，MOCN）和网关核心网络共享（Gateway Core Network，GWCN）。

（1）站址共享

运营商之间只共享物理站址，包括：机房、铁塔、电源、天馈系统等。由于站址投资较大，此种方式可对站址资源共享，减少重复投资，例如中国铁塔公司负责站址基础设施的建设，由其提供给国内的运营商使用。站址共享示意如图 3-3 所示。

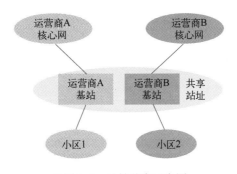

●图 3-3　站址共享示意图

（2）MORAN

MORAN 是分载频共享模式，共享基带单元和射频单元，独立的频率资源，独立的 RRM，独立的服务部署。此种共享方式在站址共享的基础上将无线接入网的主设备（即基站设备）也进行共享，不同运营商在各自所属载频上广播各自的 PLMN（Public Land Mobile Network）号。此种模式下，承建方和共享方共享站点的基础设施或网络设备，但是每个运营商拥有其独立的小区，这些独立的小区称为分载频共享小区，每个分载频共享小区归属于一个运营商，组网示意如图 3-4 所示。此共享方式只共享基站内部与无线接入资源无关的模块，而小区和频点不共享。对手机来说，与基站不共享是一样的，各个运营商的小区和频点独立，手机接入自己的签约网络。所以，MORAN 的实现比较简单，共享不够彻底。

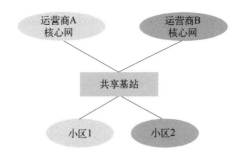

●图 3-4　MORAN 组网示意图

（3）MOCN

MOCN 是共载频共享模式，共享基带单元和射频单元，共享频率资源，共享 RRM，统一服务部署。此种共享方式在 MORAN 只共享基站硬件的基础上，基站内部和无线接入资源相关最关键的模块，即小区和频点也进行共享，需要在相同的载频上同时广播不同运营商的 PLMN 网络号。此种模式下，承建方和共享方共享站点的基础设施或网络设备，并且也共享小区载波，这些共享的小区称为共载频共享小区，每个共载频共享小区同时归属于共建共享的双方。组网示意如图 3-5 所示，小区同时广播承建方与共享方运营商的 PLMN 网络号，手机按自己服务网络的 PLMN 进行接入。由于涉及同一基站内部的资源分配，因此此种共享方式比较复杂，但是共享更为深入，对于拓展用户覆盖及共享效果更为有益。

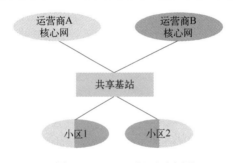

●图 3-5　MOCN 组网示意图

（4）GWCN

GWCN 共享 RAN 和部分核心网，此种共享方式在 MOCN 的基础上，共享部分核心网元，共享程度进一步加深，如图 3-6 所示。但是由于核心网侧存储着大量运营商专有数据及用户数据，会增加运营商管理的复杂程度，同时核心网共享会带来大量网络改造和维护工作，投入产出比降低。

站址共享、MORAN、MOCN 和 GWCN 这几种网络共享方式的共享程度依次加深，涉及容量和性能的规划、参数的修改等问题，共享难度依次加大。

目前，中国电信与中国联通 5G 网络共建共享采用 5G MOCN 共享网络架构，无线基站共建共享，核心网独立建设，多个运营商的 5G 核心网连接到同一个 NG-RAN，共享无线接入网络，共享无线资源。

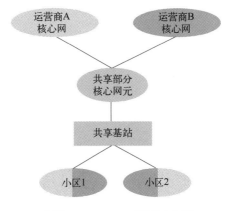

●图 3-6　GWCN 组网示意图

## 3.2.2　共建共享安全风险

共建共享双方共用的基站（不论是 NSA 模式还是 SA 模式）都通过承载网的互联链路实现互通，使双方的移动网络由封闭向开放转变，带来了开放性的安全风险。在目前共建共享的条件下，存在多种边界场景，例如，跨运营商场景、共享与非共享场景，客观上也使得共建共享面临诸多安全挑战。本小节主要分析由于 5G 网络共建共享而对接入网、承载网、核心网、网管系统等带来的影响及新的安全风险和安全需求，如图 3-7 所示。

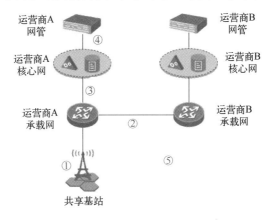

●图 3-7　共建共享安全风险示意图

（1）接入网安全风险

MOCN 模式下的共建共享，双方共享无线基站，承建方运营商的基站需要与双方的核心网相连，共享基站带来的互联互通加大了基站对外暴露的可能性，需要双方制定切实可行的措施来保障基站的系统安全、物理安全。若双方的基站安全加固不一致、不到位，当一方基站出现安全问题时，也会影响对方的网络。5G 基站通过 N2、N3 接口与核心网相连，通过 Xn 口与其他基站相连。当基站共享后，共享基站与其他网元（如 UPF、AMF、其他基站）的回传接口，发生流量窃听、重放攻击的可能性加大。

（2）承载网安全风险

共建共享双方的承载网互通是共建共享实现的基础，承载能否满足网络要求，将直接影响 5G 的网络质量。而承载网互通加大了与异网运营商的暴露面，对互通节点的路由设备和组件提出了更高的安全要求。

例如，互联端口故障可能会引发链路异常进而导致承载的基站无法正常运行；与业务无关的、不合规的外部流量作攻击互通节点作为跳板来实施跨网攻击；路由设备与组件漏洞可能被攻击者利用，进而对设备实施网络攻击或入侵，导致设备系统资源的可用性下降、路由信息泄露，或者流量异常造成网络拥塞；共享互通的承载网络将面临成倍的大流量冲击，容易出现路由过载、负载不均衡的情况，导致路由节点、传输设备性能下降，路由拥塞或不可用等风险。

（3）核心网安全风险

5G 核心网采用控制转发分离架构，实现了移动性管理和会话管理的独立进行；同时存储用户的注册信息，对用户进行接入认证和移动性管理、会话管理、策略控制等。5G 核心网是 5G 网络的大脑，负责对整个网络进行管理和控制，需要重点进行防护。传统模式下 5G 核心网连接自己的基站，安全性较高，而共建共享后核心网连接承建方的基站，增加了以承建方基站或者承建方承载网为跳板攻击 5G 核心网络的风险。需要关注由于基站共享对 AMF、UPF 网元带来的攻击以及 5G 核心网与共享基站之间回传链路的通信安全风险。

（4）网管安全风险

为满足共享方对共享基站的访问需求，以及共建共享双方对网络的运营管理需求，可以通过反拉终端以及双北向接口开放两种方式，向共享方开放网管能力。网管开放使得共建共享双方的网管互通，带来双方网管域边界隔离的安全风险，以及双方网管的运营维护流量传输时被窃取篡改的安全风险；增加了网管账号的开通及账号权限分配、账号管理的难度；同时带来非授权访问、越权访问对网管系统的安全风险。

（5）安全管理风险

共建共享采用双方联合运营的方式管理网络，改变了传统网络各自运营的方式，若双方安全制度不完善、对接流程不清晰、安全要求不一致，当突发安全事件时可能会导致安全事件响应不及时、操作联动效率低、处置不到位的安全风险。

## 3.2.3　共建共享安全策略分析

共建共享涉及承建方和共享方两个主体，双方应遵循公平、公正、对等的原则，保证双方对于网络的内部操作不影响对方网络，同时双方应共同采取安全措施，保障共建共享网络的设备安全以及 5G 网络的共建共享持续健康运行。结合前述章节分析的共建共享带来的新的安全风险，本节将从接入网、承载网、核心网、网管以及安全管理五个方面，分析共建共享场景下，应重点关注的问题及应对策略。

（1）接入网安全策略分析

5G MOCN 网络共享架构下，主要是共享接入基站，因此共建共享双方应关注共享的基站网元以及共享基站与核心网络之间回传链路的安全，需要双方采取安全措施确保共享基站的安全，并对齐安全加固要求。例如，加强 gNB 与 eNB/gNB 的 Xn 接口链路以及 gNB 与 5GC 间的 N2、N3 等回传通信接口的安全防护，按需通过 IPSec 进行双向认证和加密，提升网络可靠性；从账户加固、网络加固、系统加固、日志审计、物理安全等方面对共享基站网元进行安全加固，同时双方的安全加固要求保持一致；通过建立补丁管理与更新流程、安全基线配置核查机制、新增安全防护措施等方法强化网元安全性；通过持续监测网络负载和资源、信令优化、拥塞接入控制、容灾备份与负载均衡，应对可能发生的信令风暴和流量攻击，保障接入网络的可靠性与可用性。

（2）承载网安全策略分析

5G 共建共享主要在承载网实现互联互通，根据各运营商承载网资源分布的差异，按需共享部分承载网路由。共建共享双方应加强对互通对接点的安全防护，防止业务不相关的流量未经授权访问已端网络，确保网络的安全可靠。例如，在互通对接点采用双节点口字型互联加强承载网络顽健性；通过建设不同的 VPN 网络、开启不同的 FlexE（Flex Ethernet）切片等方式在承载网内提供不同运营商业务流量间的安全隔离；承载网互通节点的路由设备配置严格的访问控制策略，通过 BGP 路由控制与过滤、ACL 访问安全策略等，强化路由的访问安全，防止泄露敏感路由信息；对承载网设备的管理平面、控制平面、转发平面，部署一定的策略进行安全管控，防止业务不相关的流量未经授权访问承载网，防范承载网可能遭受的攻击。

（3）核心网安全策略分析

基站共享会导致 5G 核心网连接其他运营商的共享基站，5G 核心网要关注与共享基站对接的 AMF、UPF 等核心网网元的安全防护，抵御由于基站共享引起的未知接入源带来的安全风险，以及承载网互通可能引发的潜在跨网攻击威胁。例如，对 5G 核心网中与基站对接的 AMF、UPF 网元，通过路由过滤策略、ACL 访问策略等安全措施，防范异常流量访问核心网；共享基站与 5GC 之间的回传链路（N2、N3 接口）按需开启 IPSec，以保证通信数据不被非法篡改。

（4）网管安全策略分析

由于共享方对于共享基站的运行情况有一定需求，从网络运营的角度考虑，共建共享双方一般通过反拉终端或开放北向接口两种方式开放无线网管能力。其中反拉终端方式是指，通过部署专线的方式将承建方 OMC 网管终端反拉至共享方，实现 5G 网管能力开放。开放北向接口方式是指，承建方通过新增开放北向接口的方式，按照共享方的北向接口规范，将共享网络的配置、性能、告警等多类数据上报至共享方。

双方应加强开放能力的 OMC 网管的安全管理，做好网管设备、接口、终端的安全域划分，明晰安全域边界，落实各边界接入要求及安全策略。例如，在网管域外部边界部署双防火墙，对安全域边界进行安全隔离，一主一备实现防单点故障和负载均衡；在安全域边界的防火墙上设置访问控制规则，共享方接入只能访问共享的 5G 网管，承建方其他网内设备共享方均不可达；根据"工作相关化和权限最小化"原则，做好无线网管分权分域的访问控制策略，基于承建方、共享方的角色管理网管账号的访问控制权限，承建方网管账号具备网管配置、操作权限，共享方网管账号仅有只读权限；同时所有网管的操作维护流量通过采取传输链路隔离、加密、容量保障等安全手段加强保护，以避免在传输过程中被篡改或泄露。

（5）安全管理策略分析

共建共享采用双方联合运营方式管理网络，改变了传统网络各自运营的方式，对于双方的安全协作要求较高，需要具备安全事件联合处置能力。因此，需要共建共享的双方共同制定快速有效的安全协作与响应机制、安全事件处理流程等，明确各种场景下的安全职责，确保安全攻击、安全漏洞等事件信息能够及时传递共享，能够及时快速联合处置安全事件；同时能够对安全事件通告、安全事件分析、安全事件处理等进行记录，为后续审计工作提供数据，从而最大程度上保障网络安全稳定，提高协同效率。

# 3.3　5G 典型场景安全风险分析

ITU 在 2015 年的 ITU-RM.2083-0 建议书中对 5G 时代的愿景进行了阐述，明确 5G 网络中的三个典型应用场景：1）增强型移动带宽，表现为极高的数据传输速率，聚焦于对带宽有较高要求的业务场景，如超高清在线视频、虚拟现实/增强现实等，保障以人为中心的数字化生活场景需求；2）大规模机器类型通信，主要表现在高连接密度型应用场景。促进诸如智慧农业、智能家具等场景的融合，保障以终端设备为主要的数字化社会需求；3）超可靠低时延通信，聚焦于时延敏感型业务场景，连接时延达到毫秒级别，例如无人驾驶、智能车联、远程控制等，为数字化工业需求提供支持。

在 eMBB、mMTC、uRLLC 三种应用场景下，对安全技术能力的需求也不尽相同，这对 5G 网络安全架构的基本特性提出了三大要求：统一性、灵活性、可定制性。首先 5G 网络安全架构应当支持海量多类型终端在不同应用场景中的接入认证；其次，支持根据网络状况灵活配备安全能力，具体表现为在网络横向扩展时，及时启动安全功能保障网络的安全平稳运行，在网络收敛时及时终止不需要的安全功能从而实现节能目标；并且还应当支持根据不同的需求定制化部署相应的安全保护机制。

对于 5G 中的多种具体应用场景，也具有多样的网络安全风险。例如：在工业生产场景下，工业生产网络中自身防护能力弱，面临木马、病毒风险；而 5G 带来的开放性也有可能带来越权访问、信息窃取或数据丢失篡改等安全风险。在教育和医疗应用场景下，数据流在采集、传输流转和存储过程中也存在被泄露、篡改的风险，同时网络信号的稳定性对于远程医疗系统、远程教育也有着重要的安全意义。

下面对三大典型场景中的安全风险及策略设计分别进行阐述。

## 3.3.1　增强移动带宽场景

在 eMBB 场景中，与传统 4G 网络相比，5G 网络的峰值数据速率、峰值频谱速率以及用户体验速率均大幅度增长，网络边缘处的数据速率及流量明显增大。然而现有的一些网络安全防护措施，诸如部署防火墙、入侵检测等，在流量检测、链路覆盖、数据存储等方面无法在超大流量、超高速率的应用场景下提供高效的安全防护，仍存在较大的安全风险。本节主要针对该场景下的安全风险进行介绍。

**1. 终端安全**

在 eMBB 场景中，大带宽、高速率是最显著的特点，涉及较多敏感信息。因此，支持 eMBB 终端的安全需求要求在该场景的高速传输效率下，终端必须具备高速率的加密解密能力及安全处理性能。而高速率的加解密能力对终端的硬件能力、能耗管理提出很高的要求。过高的能耗甚至可能使资源有限的移动终端无法支持 eMBB。除此以外，普通用户对终端的隐私保护能力的需求也更加迫切。

**2. 异构多层无线接入的统一认证及安全管理**

5G 网络中包含多系统、多接入技术、多基站类型的高并行海量数据接入。在这种情况下，多类型的接入网络若采用多种不同的认证机制，将给 5G 网络安全管理带来很大的挑战。并且，终端设备在不同类型网络间切换过程中的安全上下文处理有可能变得缓慢且低效。

**3. 用户隐私安全**

在 mMTC 和 eMBB 场景中，业务产生的数据信息总量将呈现几何增长趋势。在 5G 网络中，由于无线接入而导致受到接入病毒的攻击更为普遍。因此，从用户角度来讲，网络用户的隐私数据信息保护策略十分重要。用户的隐私数据可能受到两方面的威胁：①5G 网络本身存在的安全隐患威胁，例如，利用 5G 网络的多系统协调中的漏洞，在信息传输过程中也容易被窃取。黑客很有可能通过攻击用户的设备获取用户行为、消费、位置等多方面信息，从而对某人的特定行为习惯进行分析，造成隐私泄露。②为了保证在 5G 网络中大量的多类型接入终端之间数据的低延迟交互，相关的安全认证被减少的同时授予第三方设备权限更高，增加了用户隐私泄露的风险。与此同时，用户隐私数据的大数据采集、存储过程中也存在信息滥用的问题及泄露的风险，用户在隐私安全方面的需求十分强烈。

## 3.3.2 超高可靠低时延场景

uRLLC（超高可靠低时延连接）主要聚焦对时延极其敏感的业务。该应用场景主要处理对可靠性要求极高、时延极其敏感的特殊应用场景，要求在保证低于 1ms 时延的同时，提供超高的传输可靠性。例如自动驾驶/辅助驾驶、远程控制、工业自动化等，满足人们对于数字化工业的需求。

uRLLC 需要同时提供高可靠性和低时延性。为了能够确保高可靠性，5G 支持多个用户平面数据路径上的冗余传输，这是单路径在用户平面上难以实现的。支持冗余传输的安全机制涵盖了通信的各个方面，其中包括包数据单元会话建立、切换等。而对于低时延性，服务质量监控可以辅助 uRLLC 服务并且优化切换过程。

本节将从高可靠性和低时延性两方面分析 uRLLC 场景中存在的安全威胁，针对高可靠性主要分析冗余传输中存在的安全问题，而针对低时延性则主要分析服务质量监控、切换过程和用户面数据传输中存在的安全问题。此外，为了确保高可靠性和减少延迟而进行的控制平面或用户平面优化的附加安全方面也将在本节分析过程中一并考虑。

**1. 冗余传输的安全性**

为了保证用户平面上的单路径难以实现的高可靠性，可以在 5G 中支持冗余数据传输。在这种情况下，考虑如何确保这些冗余传输足够安全是非常重要的。从安全角度来看，重复的用户平面数据传输可能会带来新的安全风险。在冗余传输中，数据在源端被复制，并通过两个不同的路径发送到目的端，当接收到的两个传输内容不相同时，目的端的接收器将无法知道哪个传输内容是正确的，此处将增加安全风险。

针对上述的冗余传输，目前有三种实现方案：一是基于双重连接的冗余用户平面路径；二是支持通过单个 UPF（用户端口功能）和单个 RAN（无线电接入网）节点进行冗余数据传输；三是冗余数据包将通过两个独立的 N3 隧道在单个 NG-RAN 节点和 UPF 之间通过不同的传输层路径传输，这两个隧道与单个 PDU 会话相关，以提高服务的可靠性，而 NG-RAN 节点和 UPF 支持数据包复制和消除功能。

在上述解决方案一和解决方案二中，通过使用多个冗余传输路径来支持用户平面（UP）的高可靠性，而其中用户平面（UP）的承载通过两个不同的 gNBs 和 UPFs 在多个路径上传输。对于这种冗余用户平面（UP）承载传输，在安全方面需要考虑保密保护、完整性保护和密钥处理。当用户平面（UP）上存在多条路径时，这将使攻击者可以利用额外的威胁面。为了利用冗余用户平面（UP）通道实现通信的高可靠性，需要对两条用户平面（UP）通道的安全性进行同等的保护，否则两条 UP 路径中的一条出现问题将意味着整个 uRLLC 的安全部署全部失败。例如，如果攻击者知道在一条路径上启用了完整性保护，而在第二条路径上没有，则攻击者可以在第一条路径上进行干扰操作，以防止用户平面数据从 gNB 转发到 UPF，然后修改通过第二条路径发送的用户平面数据。因此，需要为用户平面（UP）中的多路径冗余传输均提供合适的安全解决方案。如果在第一段 PDU 会话的第一条路径上的 UE 和 gNB 之间启用了用户平面数据的加密，则也应为第二段 PDU 会话在第二条路径上的冗余用户数据传输启用加密。如果在第一段 PDU 会话的第一条路径上的 UE 和 gNB 之间启用了用户平面数据的完整性保护，那么对于第二段 PDU 会话，也应为在第二条路径上的冗余用户数据传输启用完整性保护。当使用双连接时，MgNB（Master gNB）应该确保分配给自己的 UP 安全策略被转发，并将 SgNB（Secondary gNB）用于冗余数据传输的两个 PDU 会话。

对于解决方案三的情况，攻击者可以监视数据流，并可以识别数据流是否被重用。攻击者有可能连接用于冗余数据传输的两个数据流，如果相应的无线承载器或 N3 隧道没有完整性、加密和重放保护，则攻击者可以利用这些信息对服务于 uRLLC PDU 会话的无线承载器或 N3 隧道发起有针对性的攻击。

**2. 低延迟切换过程的安全性**

为了保证 uRLLC 的低延迟，需要对切换过程进行优化。然而，为了支持 uRLLC 中的切换并保证其安全性，需要同时考虑切换过程中的安全处理，如密钥推导、安全算法选择等。对于要求低延迟性能的 uRLLC 服务，安全性是不能够降低的。在这种情况下，优化切换过程应保持与其他 5G 服务相同的安全级别。

在切换过程中，如果接口（例如 N2 接口）没有安全保护，则攻击者可以窃听、插入或修改接口上传输的安全密钥和安全参数。

在切换过程中，如果目标 AMF 被破坏，而且 UE 安全密钥不具有向后安全的属性，则攻击者能够解密 UE 和网络之间先前交换的数据。如果源 AMF 被破坏，并且 UE 安全密钥不具有向前安全的属性，则攻击者能够解密 UE 和网络之间未来交换的数据。

在切换过程中，如果 AMF 被破坏，它可能会故意将算法降到一个更容易破解的低优先级算法，当 MiTM 伪装连接时，这种情况也会出现。

**3. 低延迟中服务质量（QoS）监控的安全性**

由于大量的垂直应用很可能希望知道实时延迟的详细信息，因此 5G E2E QoS 监控用于监视 5GC 和 5G-AN 中的实时数据包延迟，并且 QoS 监控激活和执行的过程和功能是可以被定义的。在这种情况下，监控信息则需要被保护起来。另外，相关接口是否需要安全保护也是一个需要考虑的问题。

由于缺乏安全的方法来保护 E2E QoS 监控过程，攻击者可以修改数据包或者消息的内容而导致错误的延时报告。因此，5G 系统应该确保能够保护服务的 5G E2E QoS 实施过程，避免攻击者的非授权修改。

**4. 认证过程的安全性**

R15 认证和密钥协商（AKA）过程总是涉及归属地公共陆地移动网（Home Public Land Mobile Network，HPLMN）（例如，AUSF 和 UDM）从 HPLMN 中查询新的 AV，并通过 HPLMN 对 UE 进行认证。NAS SMC 过程也是 R15 中 AKA 过程的一部分，用于验证在 UE 和网络中是否正确地生成了 KSEAF，它比 LTE 中的 AKA 过程效率低，但是增加了家庭控制和标识符隐私的安全性。通过增强 AKA 过程，可以减少认证 UE 的延迟并为 UE 建立新的安全上下文，但是这可能会导致 R15 AKA 过程的安全级别降低，从而增加安全风险，另外，对于访问网络的哪个节点可以作为增强 AKA 过程的网络端点也还在研究之中，也可能存在其他安全风险。

**5. 低延迟中的用户面安全性**

低延迟服务对于用户平面（UP）数据传输延迟有着近乎极端的要求，如果不考虑安全性，那么利用当今先进的技术，数据传输无疑是非常迅速的。在用户平面（UP）数据传输中考虑安全性会导致数据传输延迟，但在实际中，这是性能和安全性的折中选择。

在 UE 和 UPF 之间的用户平面（UP）路径包括无线接口和 N3 接口，并且还可能包括 F1 接口（DU-CU case）和 Xn（handover case）接口。当前研究表明，IPsec 协议可以用来保护上述接口，但是使用 IPsec 和 TLS/DTLS 确保了安全性的同时，数据转发性能将被明显降低，这意味着如果部署 IPsec，那么通过上述接口进行的用户平面（UP）数据传输速率将大大延迟。

## 3.3.3　大规模机器类通信场景

mMTC 场景中，主要在 6GHz 以下频段发展，连接密度比之前的 10 万台/km$^2$ 提升了 10 倍。过大数量的设备连接有可能引发众多安全问题。

**1. 接入安全**

在 mMTC 中，接入网络的终端数量庞大。而这些移动终端受其本身重量体积等因素限制，安全能力较弱、功耗小、资源有限。终端本身在与局域网通信过程中主要采用小数据包频繁传送的方式。如此海量终端的并发接入必然带来接入网与核心网之间频繁的信令交互，极有可能产生信令风暴，导致网络传输率下降，造成网络拥塞。而且，海量终端的接入也扩大了网络攻击的暴露面，在数据传输过程中，假如攻击方在广泛的攻击面中发现一个脆弱点，就有可能造成对整个网络的针对性深入攻击。此外，终端一旦接入失败，需要不断地发起接入认证，这一过程很大程度上加速了 MTC 终端电池消耗，亦给本身资源有限的终端的持久运行带来挑战。因此，轻量化的认证及接入机制是十分必要的。与此同时，小数据包在无线网络中频繁传送的过程中，如果数据传输网络中缺少有效的安全保护机制，攻击者很有可能通过小数据接口入侵到网络中来。低成本的设备认证和身份管理，去中心化接入认证模式，对于 mMTC 中物联网终端的低成本要求是很有必要的。

**2. 拒绝服务攻击**

攻击者发动大量虚拟访问请求使网络资源被耗尽，从而使网络无法为正常请求提供服务。在 5G 网络中，如果缺乏对终端的管控，很有可能被黑客用来对网络基础设施发起攻击，构成一个巨型的"僵尸网络"，对网络造成的危害很大。如何避免 DoS 攻击，也是 mMTC 场景中一个严峻的安全问题。

## 3.3.4　5G 应用场景安全风险解决方案

**1. 接入与认证方面**

**（1）统一的安全认证框架**

为了保证 5G 用户在不同的应用场景，使用不同类型的终端，采用不同的接入技术都能够实现无缝高效切换，这需要一个统一的安全认证框架。

可扩展协议（Extensible Authentication Protocol，EAP）认证框架是满足该认证需求的方案之一。EAP 可以用于任一类型的订阅者采用任一接入技术进行接入网认证，包括 3GPP 和非 3GPP 定义的接入技术。

5G 支持的 3GPP 的接入安全基本沿用 LTE 的接入方式，通过基于 AKA 机制实现认证和密钥协商，之后可以通过 EAP 框架完成认证过程。EAP 认证框架能够支持多种认证方法连接到 5G 核心网，例如，用户通过 WLAN 接入时可采用 EAP-AKA'方法认证，通过有线接入时可采用 IEEE802.1x 方法认证，5G 新空口接入时可采用 EAP-AKA 方法认证。但是不同的接入网方式采用统一逻辑功能的 AMF 和 AUSF/ARPF 来提供认证服务，使得用户能够在不同接入网间进行灵活切换。但是 EAP 框架本身没有提供任何安全性，只对消息的封装格式进行了规定，具体的安全目标视使用的认证方法而定。目前，EAP 支持的认证方法有 EAP-MD5、EAP-OTP、EAP-GTC、EAP-TLS、EAP-SIM 和 EAP-AKA，以及一些厂商提供的方法和新的建议。在 5G 中，具体的 EAP 在 UE、AUSF（相当于后端服务器）和 SEAF（相当于前端认证器）之间运行。

**（2）灵活多样的安全凭证管理**

由于 5G 网络需要能够支持多种接入技术以及部分专用终端设备的多种安全终端，如（U）SIM 的网卡安全管理机制；而部分终端设备自己的安全能力不足，仅能够支持轻量安全功能，因此需要多个不同类型的安全凭证来支持，如对称的安全凭证、非对称的安全凭证等。因此，5G 网络安全系统需要对多种安全保护信息进行综合管理，包括对称的安全凭证和各种非对称的安全凭证管理。其中对称安全凭证管理机制更方便电信运营商集中管理用户。基于（U）SIM 卡的数字身份管理，就是一种典型的对称安全凭证管理。

然而对于海量机器型连接场景下数以亿计的连接链路，基于（U）SIM 卡的单用户安全认证方案成本较高。为了降低认证成本，可使用非对称安全凭证管理机制，非对称机制能够缩短认证链条，从而实现快速安全认证接入。这种机制可以同时降低认证开销，缓解海量并发造成的核心网压力，避免信令风暴以及降低网络拥塞造成的安全风险。

非对称安全凭证管理现主要包括：①证书机制，该机制现已实现较为成熟的应用，例如金融和证书中心等业务，不足之处就是证书复杂度较高。②基于身份安全 IBC（基于身份密码学）机制，是一种中心化认证机制。该机制采用设备 ID 作为公钥，在认证时无须发送证书，从而实现更高的传输速率。并且能够做到轻松关联网络或应用的 ID，灵活配置身份管理策略。

**2. 按需保护用户隐私**

根据 3GPP 5G 标准定义，用户的身份标识在空口传输过程中需要进行加密保护，针对端到端的传输通道进行加密和完整性保护，防止个人数据被窃取和篡改。用户面数据保护在空口和传输通道按照 3GPP 标准均需支持加密和完整性保护。为了提供终端到基站之间的端到端用户面安全，目前 5G 网络中用户面数据保护终结点为基站，属于高安全域。5G 网络信令面数据保护终结点为基站和核心网，即同时提供移动终端到基站之间的信令面数据完整性和机密性保护、移动终端到核心网之间的信令面数据完整性和机密性保护。为了应对 5G 网络域内和不同网络域之间的信息安全问题，5G 网络域内和不同网络域之间一般采用 IPSec 对传输的数据进行完整性和机密性保护。对于边界保护采用划分安全域的方式，在安全域的边界进行保护。为了进一步保证行业的业务应用安全性，也可在终端的应用层提供会话级别的端到端数据保护。

5G 网络中不同用户、应用场景对隐私数据保护等级的要求都不尽相同，5G 应当根据不同类型的网络接入方式，提供安全、灵活按需配置的用户隐私保护机制。从数据采集端到传输、存储整个数据生命流程保证隐私安全。

5G 网络对用户隐私保护的类型可以分为以下几类。

1）身份标识保护。为避免永久 ID 在空口传输中的不安全性，5G 网络可采用随机标识替代永久 ID。另外，由于 5G 接入网包括 LTE 基站，因此 IMSI 的保护需要兼容 LTE 的认证信令，可以防御攻击者引导用户至 LTE 接入方式的降维攻击。另一方面，如前所述，基于非对称密码技术进行用户 ID 加密也可以有效防止攻击者在空口对用户 ID 的跟踪和窃取。

2）位置信息保护。5G 网络中存在海量的用户终端，终端上的多样化业务时刻产生大量与用户个人位置隐私相关的信息，如终端定位、行为轨迹等。5G 网络采用加密等技术对位置信息进行保护，并且阻断大数据分析等手段造成的用户隐私泄露。

3）服务信息保护。5G 网络中对用户的服务数量较以往有大幅度增加且种类更加多样化。用户在接受服务过程中涉及的服务类型、方式、内容都是用户隐私的一部分。在 5G 网络中亦使用机密性、完整性保护等技术保护用户服务信息。

随着网络的开放性愈加提升，在服务和网络应用场景中，多样化的用户隐私保护需求对网络安全功能的灵活性提出了很高的要求。5G 网络能够根据不同的应用及服务，灵活设置保护范围及保护强度，提供差异化的隐私保护能力。除此，还能够根据用户多样化偏好需求，实现灵活可视化配置隐私保护。

在隐私保护技术方面，5G 网络能够提供的技术措施主要有以下几种：①基于数据加密的技术，包括动态加密技术和静态加密技术。实现对数据机密性、完整性和可用性的保证。②基于限制发布的隐私保密技术，通过对隐私数据的选择性发布及精度降级发布降低隐私泄露风险。当前主要对数据匿名化技术进行集中研究，在选择性发布敏感及高危信息的同时保证将泄露风险控制在可容忍的范围内。③访问控制技术，通过策略和手段保护数据不被泄露、窃取和非法使用。并且对于 5G 网络功能实体的协议交互流程处理中的隐私安全，也可采用基于规则和流程的访问控制技术，阻断非法攻击者的伪装入侵。④虚拟存储和传输保护技术，具体可表现为数据库动态迁移及随机化存储技术。⑤隐私增强技术，当前主要着重于对非对称密钥加密技术及伪永久标识符方法的研究，可以有效防止泄露用户签约信息。

## 3.4　5G 能力开放安全风险分析

5G 能力开放涵盖外部开放和内部开放两大类。外部开放指的是通过能力开放平台对 5G 网络架构（见图 3-8）中的应用功能（Application Function，AF）开放运营商的网络能力，能力开放平台主要负责内外部信息的传递和协议转换，根据 AF 的请求调用运营商的网络资源；内部开放指的是运营商内部网络功能（Network Function，NF）之间相互开放的信息，借助统一数据存储（Unified Data Storage，UDR）实现不同 NF 之间相关信息的存储和访问。5G 网络开放的安全能力主要包括：数据安全能力、配置安全能力、策略安全能力、终端安全能力。

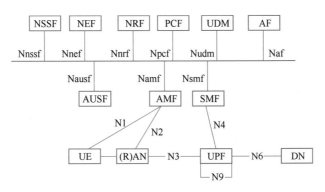

●图 3-8　基于服务的网络框架系统

5G 是联结云计算、大数据、人工智能、物联网、区块链与工业互联网的纽带，打通了数据从采集、存储、传送、处理、分析到决策的全过程，发挥了数据作为生产要素的作用。在“5G+X”构建的万物互联的场景下，更加强大、高速、灵活和开放的网络在各个层面都将遭遇更多新的威胁。

## 3.4.1  5G 能力开放架构

### 1. 数据安全能力开放

5G 网络及其应用将产生海量的数据。据 IDC 统计，全球数字信息在未来几年将呈现惊人增长。据 IDC 相关研究显示，2035 年全球数据总量将达到 19267ZB。5G 将提供至少 10 倍于 4G 的峰值速率、毫秒级的传输时延和每平方千米百万级的连接能力（见表 3-1）。5G 开启了万物互联的新时代，支持海量物联网应用是 5G 的一大特点，几十亿乃至上千亿的基础设施和生产设备等终端都将被连接起来，这些数据采集点采集到海量的数据，同时这些设备间通信信号的数据格式各不相同，对数据处理的速度和难度提出了更多挑战。5G 网络的数据量急速增加，数据类型多元化，医疗健康、工业智造等垂直行业的数据涉及企业及用户敏感数据，对安全防护要求高；同时这些数据从封闭的平台转移到开放的平台上，数据泄露风险随之增加。

表 3-1  5G与4G关键指标对比

| 指标 | 5G 参数 | 4G 参数 |
|---|---|---|
| 用户峰值速率 | 10Gbit/s | 100Mbit/s |
| 用户体验速率 | 100Mbit/s | 10Mbit/s |
| 时延 | 毫秒级 | 30～50ms |
| 连接数密度 | 100 万个/km$^2$ | 1 万个/km$^2$ |
| 移动性 | 500km/h | 350km/h |

5G 时代应用将空前繁荣，应用边界更加模糊，多个应用共享下层的基础资源，在 5G 网络功能云化的场景下，数据在不同应用之间共享，数据开放度高、流动性强、难以管控，这使得数据安全传输与存储的风险大大增加。

由于网络切片的物理资源共用，当某个低防护能力的网络切片受到攻击后，攻击者可能以此为突破口攻击其他切片，消耗其他切片的资源、造成切片间信息泄露、互相干扰；未授权的非法用户接入切片，造成对切片的非授权访问；租户管理面越权进行切片运维。运营商可能将部分网络切片管理能力开放给租用该切片的第三方，第三方管理面非法获取对切片运维及生命周期的管理权限，对其进行非法篡改；开放给租户的管理接口可能被攻击者利用，带来安全风险。

5G 数据安全的防护面和防护对象数量将同步扩大，对数据采集、分析、存储等整个数据生命周期的安全防护难度加大；5G 网络中存在基础设施提供商、网络运营商、业务提供商等多种类型参与方，用户数据在这个由多种接入技术、多层网络、多种设备和多个参与方交互的复杂网络中存储、传输和处理，面临着诸多泄露的风险。同时 4G 网络中已经暴露的用户信息泄露隐患，也应该在 5G 网络中进行优化和补充，结合 5G 网络的开放特性，要全面考虑数据在各种接入技术以及不同运营网络中转移所面临的隐私泄露风险。一旦发生数据泄露事件，就会对社会和公众带来极大危害。

目前 3GPP、5GPPP 和 IMT-2020 推进组等组织，在 5G 安全框架、接入安全、用户数据的机密性和完整性保护、移动性和会话管理安全、用户身份的隐私保护以及与 EPS（演进的分组系统）的互通等开展相关研究工作以保护数据安全。5G 强化了信令完整性保护，5G 基站采用非对称加密技术，对每一条下发的消息都进行签名，5G 数据加密支持 EAP-AKA、5G-AKA 认证以及主流数据加密和数据完整性保护算法。5G 有非 TCP（Transmission Control Protocol）的应用场景且要求数据可靠性高，实施用户数据完整性保护，密钥和校验码分别扩展到 256bit 或 128bit。

**2．配置安全能力开放**

5G 网络是一个复杂的网络。在 2G 时代，几万个基站就可以做全国的网络覆盖，4G 时代中国的网络超过 500 万个，5G 需要做到每平方千米支持 100 万个设备，这个网络必须非常密集，需要大量的小基站来进行支撑。5G 采用基于服务的架构（Service Based Architecture，SBA），更加灵活地支持多种应用。车联网、物联网带来庞大的终端接入，数据处理需求量大，不同终端需要不同的速率、功耗，也会使用不同的频率，对于服务质量的要求也不同，同时 5G 还要不断提升用户的应用体验，合理的网络配置显得至关重要。

5G 的一个新场景是无人驾驶、工业自动化的高可靠连接。无人驾驶场景下，需要中央控制系统与车辆互联，车辆与车辆之间也要实时通信，这就对网络配置提出严格的要求。

5G 网络通过服务化的架构，运用应用程序编程接口（Application Programming Interface，API）等手段，以编排和赋能的方式将其网络能力提供给外部第三方。其中向第三方开放的 API 接口可能被非法或者越权调用，占用网络资源；甚至可能被攻击者利用对网络发起分布式拒绝服务攻击。

5G 网络中网络架构的虚拟化、模块化以及业务流程更加复杂，使得 5G 网络的运维任务更加精细化、运维角色更加多样化，同时也意味着运维配置错误的风险提升，错误的安全配置可能导致 5G 网络遭受不必要的安全攻击；5G 网络采用隔离机制，通过对网络资源、安全资源的隔离确保传输机密性、完整性。

5G 网络是一个复杂的、密集的、异构的、大容量的、多用户的网络，5G 完善的配置安全能力可以保持网络平衡和稳定、减少应用间干扰。5G 使用 SEPP 设备进行网间安全保护。SEPP 间的安全传输定义了两种安全保护的机制：一种是基于传输层协议的安全保护机制（Transport Layer Security，TLS），这种机制将会导致中间转接商 IPX 失去对信令调整的能力；另一种是基于应用层协议的安全保护机制，这种机制可以灵活地对多个应用层数据集合采用不同的安全保护策略，从而实现了在 SEPP 之间的安全传输，同时也为 IPX 获取相关信息或修改相关信息留下了空间。

**3．策略安全能力开放**

5G 新空口将采用新型多址、大规模天线、新波形、超密集组网和全频谱接入等核心技术，在帧结构、信令流程、双工方式上进行改进，形成面向连续广域覆盖、热点高容量、低时延、高可靠和低功耗大连接等场景的空口技术方案。5G 安全将实现从外挂式防护到内生式安全的跨越。5G 将充分利用网络架构的优势，如软硬件解耦、虚拟化和动态化，挖掘内生安全性和开发内生安全关键技术，构建基于非可信网络组件的高可靠性、高安全性 5G 网络。

**4．终端安全能力开放**

5G 中除了使用传统的手机，URLLC（Ultra-Reliable and Low Latency Communications）和 mIoT（Massive Internet of Things）场景也将引入大量新型终端。多元化智能终端的使用，不可避免地存在恶意程序、固件漏洞、窃听、篡改用户信息等威胁。从用户的隐私角度来看，全球用户识别卡（Universal Subscriber Identity Module，USIM）中的信息不仅标识了用户而且提供了用户更多的隐私信息，攻击者可以通过这些信息自动地追踪用户，伪造、篡改用户隐私信息，非法侵扰、知悉、收集隐私信息等。

5G 采用基于证书和假名机制的隐私保护方案应对车联网安全和隐私问题。同时新兴密码技术将在 5G 隐私保护中具有潜在的应用前景。针对终端安全，5G 移动通信里沿用了 4G 所采用的高级加密标准（Advanced Encryption Standard，AES）、3GPP 流密码算法、祖冲之算法等，同时 5G 还提供数据端到端加密、存储加密等定制化、差异化的安全能力。5G 通过构建受信存储、计算环境和标准化安全接口，分别从终端自身和外部两方面为终端安全提供保障。终端自身安全保障可以通过构建可信存储和计算环境，提升终端自身的安全防护能力；终端外部安全保障通过引入标准化的安全接口，支持第三方安全服务和安全模块的引入，并支持基于云的安全增强机制，为终端提供安全监测、安全分析、安全管控等辅助安全功能。

## 3.4.2　5G 能力开放接口安全

5G 网络能力开放架构基于能力开放平台，通过开放的 API 将网络能力及安全能力开放给第三方应用，目前通常基于 CAPIF（公共 API 接口功能）架构来实现。CAPIF 架构主要由核心功能、API 开放功能、API 发布功能、API 管理功能等部分组成，后三者的集合统称为接口提供者。API Invoker 由第三方应用提供商提供，可以位于授信域或非授信域，负责提供身份信息、支持与 CAPIF 的互认证、在访问业务 API 前先认证、发现业务的 API 信息、发起业务 API 等功能；CAPIF Core Function 负责对 API Invoker 进行认证和授权、发布业务 API 信息、支持业务 API 信息的发现、控制业务 API 的访问、对访问业务 API 进行计费和监控、加载新的 API Invoker 等；API Exposing Function 作为 Service API 的对外接入点，负责认证 API invoker、验证 CAPIF Core Function 的授权信息；API Publishing Function 负责向 CAPIF Core Function 发布业务 API 信息；API Management Function 负责对业务 API 进行管理。

在 3GPP 中介绍了 CAPIF 架构三种部署模式，如图 3-9 所示，有集中部署、独立部署、级联部署。在集中部署的情况下，CAPIF 的核心功能和 API Provider 被归类到了 NEF

的范围，而同样的情况在独立部署中，只有 API Provider 被 NEF 包含，CAPIF 的核心功能才独立部署。多个 NEF 级联构成的 CAPIF 框架则是级联部署，NEF 与 NEF 之间通过 Nnef 交互。

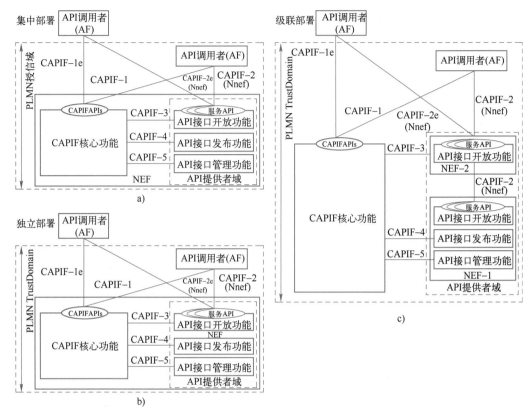

●图 3-9　CAPIF 架构三种部署模式

a) 集中部署　b) 独立部署　c) 级联部署

下面介绍一下 CAPIF 框架中几个核心的接口功能。

CAPIF-1/CAPIF-1e：这个接口在 CAPIF 架构中是作为架构对开发者也就是 API 调用者进行授权以及服务发现。

CAPIF-2 接口作为认证 API 调用者的证书，并负责 API 调用，CAPIF-3 可用于计费，CAPIF-4 主要负责接口服务的发布，最后，CAPIF-5 接口可以管理接口服务，并监控这些接口的状态。

核心功能通常与 API 开放功能合设，由 NEF 实现，API 调用功能由第三方行业应用实现，其调用形式如图 3-10 所示。

对于 5G 网络来说，能力开放接口安全可靠是非常重要的，为了这个目标，首先，公共接口采用了基于应用层的认证授权过程，数据传输通道选择了 TLS 安全通道，这可以保障数据在行业应用与运营商网络可靠地完成传递，除此以外，还引入了 UE 监控、策略计费等其他能力。

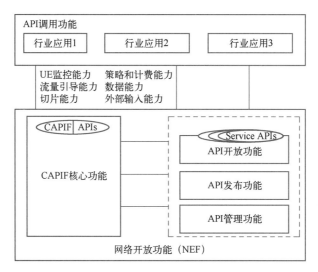

●图 3-10　CAPIF API 调用形式

**1. TLS 安全传输层协议**

在 5G 系统中，网络功能通过 NEF 安全地向第三方应用程序开放功能。NEF 还为通过认证和授权检验的应用功能实体向 3GPP 网络安全地提供信息。NEF 和应用功能（Application Function）间的认证基于建立在 NEF 和 AF 间的 TLS 协议，TLS 认证基于客户端证书和服务器端证书。NEF 与应用功能之间的接口需要提供完整性保护、抗重放保护和机密性保护。

TLS 提供的连接安全性具有两个基本特性。

1）私有——对称加密用以数据加密（DES、RC4 等）。对称加密所产生的密钥对每个连接都是唯一的，且此密钥基于另一个协议（如握手协议）协商。记录协议也可以不加密使用。

2）可靠——信息传输包括使用密钥的 MAC 进行信息完整性检查。安全哈希功能（SHA、MD5 等）用于 MAC 计算。记录协议在没有 MAC 的情况下也能操作，但一般只能用于这种模式，即有另一个协议正在使用记录协议传输协商安全参数。

TLS 协议用于封装各种高层协议。作为这种封装协议之一的握手协议允许服务器与客户机在应用程序协议传输和接收第一个数据字节前彼此之间互相认证，协商加密算法和加密密钥。TLS 握手协议提供的连接安全具有三个基本属性。

1）可以使用非对称的，或公共密钥的密码术来认证对等方的身份。该认证是可选的，但至少需要一个节点方。

2）共享解密密钥的协商是安全的。对偷窃者来说，协商加密是难以破解的。此外经过认证过的连接不能获得加密，即使是进入连接中间的攻击者也不能。

3）协商是可靠的。没有经过通信方成员的检测，任何攻击者都不能修改通信协商。

TLS 的最大优势就在于：TLS 是独立于应用协议的。高层协议可以透明地分布在 TLS 协议上面。TLS 的主要目标是使 SSL 更安全，并使协议的规范更精确和完善。TLS 在 SSL v3.0 的基础上，提供了以下增加内容：①更安全的 MAC 算法；②更严密的警报；③"灰色区域"规范的更明确的定义。

TLS 对于安全性的改进主要在以下 5 点。①对于消息认证使用密钥散列法：TLS 使用消息认证代码的密钥散列法（HMAC），当记录在开放的网络（如因特网）上传送时，该代码确保记录不会被变更。SSLv3.0 还提供键控消息认证，但 HMAC 比 SSLv3.0 使用（消息认证代码）MAC 功能更安全。②增强的伪随机功能（PRF）：PRF 生成密钥数据。在 TLS 中，HMAC 定义 PRF。PRF 使用两种散列算法保证其安全性。只有两种散列算法同时暴露，数据才会置于危险中，仅仅只暴露一种算法的情况下，数据仍然是安全的。③改进的已完成消息验证：TLS 和 SSLv3.0 都对两个端点提供已完成的消息，该消息认证交换的消息没有被变更。然而，TLS 将此已完成消息的认证基于 PRF 和 HMAC 值之上，这也比 SSLv3.0 更安全。④一致证书处理：与 SSLv3.0 不同，TLS 试图指定必须在 TLS 之间实现交换的证书类型。⑤特定警报消息：TLS 提供更多的特定和附加警报，以指示任一会话端点检测到的问题，并对何时应该发送某些警报进行记录。

**2. API 开放**

5G 网络除了提供业务开放能力外，还提供给第三方应用供应商额外的安全服务能力，来帮助第三方应用提供商完善自身业务的安全能力。具体可以实施的场景有：运营商通过 5G 网络向第三方提供接入认证、授权管理、网络防御等各种安全业务，也可以第三方应用商使用授权的切片配置调整自身网络安全能力，如图 3-11 所示。

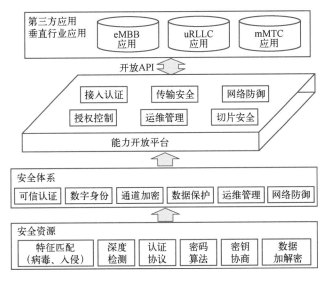

●图 3-11　5G 能力开放平台

5G 网络基于能力开放平台可以实现与设备、应用相独立的安全资源，可以包含特征匹配、深度检测、认证协议、密码算法、密钥协商以及数据加解密。行业应用可以利用 5G 的安全资源，建立可信认证、数字身份、通道加密、数据保护、运维管理、网络防御等自成体系的定制化安全防护。

**3. UE 监控**

按照 3GPP 的定义，网络能力开放包含监控能力、提供能力、策略控制和计费能力几个方面。

监控能力主要描述的是 5G 可以将监控在网络中的各种特定事件，并将监控数据进行传输开放。可以配备的监控能力有：配置、识别特定监控事件的 5G 网络功能（NF）、发现监控事件、向外部授权方报告监控事件。通过网络的监控能力，可以管理用户移动的上下文信息，比如用户位置、可达性、漫游状态和掉线情况等。

提供能力允许外部第三方向 5G 系统提供对 UE 行为的预测信息，包括对外部第三方提供信息授权、接收外部提供的信息、将外部提供的信息作为签约数据的一部分存储起来并分发给使用这些信息的网络功能。外部提供的信息按属性可以提供给不同的网络功能按需消费，外部提供的信息包含 UE 的预期行为，如 UE 的预期移动和预期通信间隔，UE 的预期行为参数可用于对移动性管理或会话管理参数的配置，关联的网络功能在参数发生更新时会收到通知。

策略控制和计费能力用于根据第三方请求执行 UE 的 QoS 和计费策略。策略控制和计费能力包括接收计费策略请求、执行 QoS 策略和计费策略，主要用于针对 UE 会话进行特定的 QoS 或优先级处理，以及指定特定数据流的计费费率等。

### 3.4.3　5G 网络安全服务能力开放技术

5G 网络除了可以提供如切片、边缘计算等业务能力之外，还可以对第三方提供安全服务能力，如接入认证、切片安全管理、安全监测等。

**1. 网络认证结果开放**

用户在访问应用时，通常要经过网络、应用两次认证，而 5G 网络可以将网络认证结果向第三方应用服务开放。网络认证结果可以包括多个用户属性，如用户归属地、认证方法以及其他可以从 UDM 处获取到的内容，同时，还可提供用户自主配置所需属性功能。

5G 网络认证结果的开放，除了带来了很多便利，也会带来一定的安全风险，例如当第三方应用为恶意应用程序时，该恶意应用可能非法获取用户的多个认证属性，侵犯用户隐私，且由于登录认证更加方便，用户也更加容易访问该恶意应用。此外，由于第三方应用的用户认证完全使用了网络认证，也就等同于完全信任所使用网络，且用户认证数据存在于网络提供者处，所用网络安全性将严重影响应用服务的安全，用户认证数据监测、监控也将无法保证。

**2. 身份验证开放**

除了直接将网络认证结果向第三方服务开放，5G 网络还支持开放身份验证能力。开放身份验证能力支持二次身份验证和启动 EAP 验证，依赖于外部 3A 服务器，通过 3A 服务来认证、授权用户对外部数据网络的 PDU 会话请求，同时 3A 服务器会存储二次认证的凭证，获取用户订阅数据（如用户标识符等），决定是否触发 EAP 认证并交换 EAP 消息等，如图 3-12 所示。

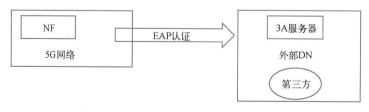

●图 3-12　身份验证开放典型架构

由于 3A 服务在外部数据网络中，其面临的安全风险及挑战将会增多，例如，攻击者可对 3A 服务器实施拒绝服务攻击，使得二次认证无法成功，或者攻击 3A 服务器，获取服务器中存储的用户认证相关信息等。

**3. 派生密钥开放**

为了保证用户终端与网络的安全通信，4G 网络提供了密钥协商机制，即通信前双方共同协商出各种共享的对称密钥，将交互信息加密后传输。5G 网络也提供了类似的机制与接口。移动网络运营商可以将密钥派生能力开放给第三方服务平台（包括其应用服务器）：当用户终端需要与第三方平台交互时，网络运营商将生成一个预共享密钥，然后将此密钥分发给第三方平台和用户终端，第三方平台和用户终端将通过共同的输入参数和密钥派生算法等信息生成最终使用的对称密钥，从而保障交互数据的完整性、机密性和身份验证。

此功能尤其适用于 IoT 场景，IoT 设备计算、存储能力较弱，且需要与 IoT 服务平台进行交互，密钥派生能力的开放能够帮助 IoT 平台更加容易地分发和管理密钥。但如果IoT 平台被攻击者控制，受害面将进一步扩大，且很有可能作为中间人，进行中间人攻击，获取所有和 IoT 平台进行交互的信息。同时，攻击者能够获取到网络运营商发送的预共享密钥和密钥产生算法等信息，这些信息可能会被进一步加工，从而分析出其他用户隐私数据。

**4. 切片认证及授权开放**

切片是 5G 网络的一个重要功能，按照用户不同的服务需求（如时延、带宽、安全性和可靠性等）提供不同的虚拟网络场景。对身份认证有更高要求的企业，可能并不能完全信任网络运营商的认证，因此，切片认证能力开放便是其解决方案，切片认证可以提供二次身份认证，且由第三方企业自主控制对特定切片服务的访问。

切片认证能力的开放，将会增加切片与应用程序交互的复杂性，加大网络提供商对网络管理、安全运营、故障排查等的困难程度。从用户设备角度来看，可能需要额外配置DNN，且会增加会话访问时间，降低用户满意度。同时，网络运营商和第三方质检的职责分离也将是一大挑战。

完成切片认证之后，切片授权也是重要工作之一。切片授权能力开放能够使得第三方决定某一用户是否可以访问切片实例，即制定切片访问控制策略。当然，切片授权不一定非要在切片认证的基础上，没有切片认证，网络运营商也可以对外开放切片授权管理能力。

切片授权能力开放同样会增加管理网络的复杂度，以及切片与应用程序交互、故障排查、运营运维的复杂度。同时，切片授权管理、切片服务器保护也会给第三方企业增加额外工作。

**5. 综合监测安全功能开放**

5G 核心网充分利用了 SDN、NFV 等虚拟化技术，使 IT 化、软件化进一步提升，因此，可以将监控安全功能的应用程序（如防火墙、IDS/IPS、反 DoS 等）集成到虚拟化网络功能中。同时，为了确保每个切片均满足第三方安全需求，网络运营商可允许第三方配置和使用适合其需求的集成监控安全功能，即按需配置所属切片安全功能。监控安全功能镜像可由网络运营商提供，也可由第三方提供。

综合安全功能的开放，大大增加了第三方对切片管理的灵活性，但也面临着更大的安全挑战和责任，对第三方的安全防护水平、人员技术水平、安全管理水平提出更高的要求。同时，网络运营商与第三方的职责分离和职责划分需要进一步明确。

# 第4章 前沿技术助力 5G 安全

5G 进入大规模部署商用元年，其发展速度及规模超过预期，并面临全新的安全挑战和风险。软件定义网络、网络功能虚拟化、区块链、人工智能、隐私计算等前沿科技助力 5G 安全发展。本章通过介绍软件定义网络、网络功能虚拟化、区块链等前沿科技，并深入讲解其助力 5G 安全的具体实例，帮助读者理解前沿科技在 5G 网络发展中的应用，更深一步理解 5G 网络安全风险防护。

## 4.1 软件定义网络（SDN）

### 4.1.1 SDN 概述

计算机网络的高速发展催生了海量的网络应用，以 TCP/IP 为核心的互联网早已渗透到人们日常工作及生活的各个领域。TCP/IP 协议族构成了全球 Internet 网络的基础，传统的网络设备大都以封闭硬件的形态来交付和部署，网络设备的封闭性增加了网络定制化的难度，加之网络规模的急剧增加，网络规模不断扩大，面临丰富的应用，网络发展越来越捉襟见肘，网络架构的改进显得尤为重要。以 TCP/IP 为基础的传统网络架构的弊端在多年的发展演进中逐渐显露，这些问题难以通过打补丁的方式从根本上得到解决，因此网络架构的重构势在必行。

重构的网络架构一方面能够尽可能地考虑当前的各种需求，另一方面能尽可能满足未来网络发展的需求。SDN（Software Defined Network，软件定义网络）就是在这样的背景下产生的。

以 ONRC（Open Networking Research Center，开放网络研究中心）和 ONF（Open Networking Foundation，开放网络基金会）对 SDN 的定义为切入点，来介绍 SDN 网络的基本原理。ONRC 对 SDN 的定义是"SDN 是一种逻辑集中控制的新网络架构，其关键属性包括：数据平面和控制平面分离，控制平面和数据平面之间有统一的开放接口 OpenFlow"，ONF 对于 SDN 的定义是"SDN 是一种支持动态、弹性管理的新型网络体系结构，是实现高带宽、动态网络的理想架构。SDN 将网络的控制平面和数据平面解耦分离，抽象了数据平面网络资源，并支持通过统一的接口对网络直接进行编程控制。"通过 ONRC 和 ONF 对于 SDN 的定义，可以归结出 SDN 主要的特征包括网络可编程性、数据平面与控制平面的分离，以及逻辑上的集中控制，满足这三个特性的网络都可以称之为软件定义网络。

**1. SDN 的体系结构**

根据 ONF 定义的 SDN 白皮书，SDN 的网络架构分为 3 层，分别是基础设施层、控制层和应用层，如图 4-1 所示。

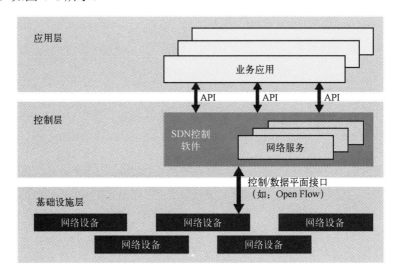

●图 4-1  ONF 定义的 SDN 的网络架构

基础设施与控制层之间通过控制数据平面接口进行交互，称之为南向接口。控制层与应用层之间通过应用程序编程接口进行交互，称之为北向接口。SDN 由网络应用层、北向接口、SDN 控制平面、南向接口和 SDN 数据平面 5 个部分组成，各部分的功能描述如下。

（1）网络应用层

网络应用层实现了对应的网络功能应用，这些应用通过调用 SDN 控制器的北向接口，实现对网络数据平面的配置、管理和控制。网络应用层主要是体现用户意图的各种上层应用程序，典型的应用包括 OSS（Operation Support System，运营支撑系统）负责整网的业务协同，以及 OpenStack 在数据中心负责网络、计算、存储的协同等。

（2）北向接口

北向接口是 SDN 控制器与网络应用之间的开放接口，它为 SDN 应用提供通用的开放编程接口。该接口是一个管理接口，与传统设备提供的管理接口形式和类型都是一样的，只是提供的接口内容有所不同。传统设备提供单个设备的业务管理接口称为配置接口，而现在控制器提供的是网络业务管理接口。实现这种 NBI 的协议通常包括 RESTFUL 接口、Netconf 接口、CLI 接口等传统网络管理接口协议。

（3）SDN 控制平面

SDN 控制平面是 SDN 的大脑，指挥数据平面的转发等网络行为。控制平面不仅要通过北向接口给上层网络提供不同层次的编程能力，还要通过南向接口对 SDN 数据平面进行统一的配置、管理和控制。

控制器的发展非常迅速，在控制平面的发展过程中，已经出现了多个控制器。在 SDN 控制平面的各个时期都出现了一些典型的控制器，比如 SDN 发展初期时出现的 NOX 和

POX，后来出现性能更好的 OpenFlow 控制器 Ryu 和 Floodlight，以及现在正流行的网络操作系统级别的控制平台 OpenDaylight 和 ONOS。

（4）南向接口

南向接口是 SDN 控制器与数据平面之间的开放接口。在 SDN 的架构中，网络的控制平面和数据平面相互分离，SDN 控制器通过南向接口对数据平面进行编程控制，南向编程接口提供的可编程能力是 SDN 可编程能力的决定因素，所以南向编程接口标准是 SDN 最核心、最重要的接口标准之一。

根据 SDN 南向编程接口提供的可编程能力，可以将 SDN 南向编程接口分为广义和狭义两类南向接口。狭义的南向接口指的是可以指导数据平面设备的转发操作等网络行为，典型的 SDN 南向编程接口有 OpenFlow 协议等。广义的 SDN 南向编程接口的主要表现形式为具有对数据平面的配置能力，应用范围广泛，不限于 SDN 控制平面和数据平面之间的传输控制的接口协议。

（5）SDN 数据平面

在 SDN 架构中，控制平面是网络的大脑，控制着数据平面的行为，而数据平面则是执行网络数据包处理的实体，比如解析数据包头和转发数据包到某些端口。

传统的路由器和交换机转发处理都是协议相关的，每个模块都是为了实现特定的网络协议而设计的，只能处理固定格式的网络数据包，无法根据用户新的需求来支持新的网络协议。SDN 数据平面所需要的通用的转发抽象模型，具备清晰的软硬件接口、简洁的硬件架构、灵活有效的功能实现等特性，在 SDN 通用可编程数据平面的发展过程中，OpenFlow Switch 通用转发模型是现在通用可编程数据平面的代表，业界主流的 SDN 硬件交换机都实现了对 OpenFlow Switch 通用转发模型的支持，包括业界应用最多的开源软件交换机 Open vSwitch。

**2．SDN 自身安全风险**

SDN 带来了一种全新的网络架构，与此同时也产生很多安全隐患，SDN 所面临的安全风险主要包括以下几个。

（1）架构安全

SDN 强调了控制平面的集中化，从架构上颠覆了原有的网络管理，所以 SDN 的架构安全就是首先要解决的问题。新引入的 SDN 控制器由于逻辑集中的特点，自然容易成为攻击的对象；开放的 API 接口也使应用层的安全威胁扩散到控制层，进一步威胁到基础设施层承载的用户业务；在基础设施层，SDN 交换机在控制器的控制之下，完成流转发，SDN 数据流也可能面临南向协议、控制层相关的安全问题导致的威胁。

（2）协议安全

SDN 南向协议的一个典型代表是 OpenFlow，北向协议目前还没有统一的标准，已被采用的协议如 RESTful 和 HTTP 等。现有的协议存在诸多的安全风险，以 OpenFlow 协议为例，协议没有涉及任何身份认证和访问控制机制，没有设计任何机密性和完整性保护机制，因此容易导致节点的非法接入和控制指令被窃取和篡改。

（3）资源安全

将物理安全设备移植到虚拟化系统是一个很大的挑战。一方面很多设备需要使用定制化的网卡驱动和内核，以达到更好的性能，然而在计算节点上部署 Hypervisor，则需要解决兼容性问题。另一方面，一些虚拟化系统提供了自由的用于流量牵引的 Hypervisor 应用接口，这虽然是未部署 SDN 控制器时的一种解决方法，但是往往会消耗安全人员大量的精力去适配这些非标准的接口，甚至有主流虚拟化系统并未对外开放此接口，造成虚拟化环境中无法部署工作在 L2 网络的安全机制。

（4）应用安全

虚拟化技术可以保证用户的空间隔离和基础的访问控制，比如 OpenStack 的网络组件 Neutron 中应用到的 namespace、vlan tag、IPTABLES 等技术，然而网络安全除了隔离和访问控制，还包括其他很多方面，如深度包检测、恶意行为检测和防护等，这些安全功能还需要依赖于合理的物理或虚拟网络中间设备来实现。作为网络安全设备，正常工作的前提是对流量的数据可见可控，然而在某些虚拟化环境下，流量是既不能观察又不能控制的，所以在虚拟化环境中，这些设备的部署和工作模式都受到了挑战。

（5）系统实现安全

SDN 架构包括应用、控制器、交换机以及管理系统。虚拟化系统包括控制节点、管理节点、存储节点和计算节点，这些组件背后运行的都是软件，而软件就可能含有脆弱性，从而被攻击者利用并获得非授权的访问权限，从而阻断或恶意操纵流量。

综上所述，SDN 在架构、协议、资源、应用和系统实现等诸多方面都面临着安全风险，然而这并不能否定 SDN 的意义和价值，SDN 控制平面和数据平面分离的思想适应了 5G 发展的需求，使得 SDN 在 5G 中的应用越来越广泛。

## 4.1.2 SDN 助力 5G 安全

**1. 基于 SDN 的 5G 无线接入网**

在传统的 LTE 网络架构中，无线资源管理、移动性管理等都是分布式的控制，网络没有中心式的控制器，使得无线业务的优化没有形成一个统一的控制，并且由于需要复杂的控制协议来完成无线资源的匹配管理。

不同于传统 LTE 网络中各个基站相对独立或采用分布式协调的方式来控制决策信息的交互，基于 SDN 的无线接入网架构，针对不属于同一区域内的基站采用无线接入网 SDN 控制器进行控制面处理。

图 4-2 展示了一种典型的基于 SDN 的无线接入架构，基站需要根据其与无线接入网 SDN 控制器之间的标准 API 接口，完成基站无线资源的使用信息、干扰情况等全局信息的周期性上报。无线接入网 SDN 控制器则基于基站周期上报的信息，实时更新并维持网络的全局状态信息，包括干扰地图、用户属性信息、数据流等。除此之外，无线接入网 SDN 控制器会基于网络全局信息实现对所管辖区域内的基站进行集中式的资源优化配置，通过将时域、频域、码域、空域和功率域等资源抽象成为虚拟化无线网络资源，以及通过虚拟化无线网络资源切片管理，形成基站的虚拟化，依据虚拟运营商/业务/用户定制化需求，实现虚拟无线资源的灵活分配与控制。

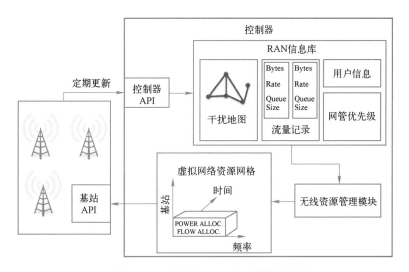

●图 4-2 一种基于 SDN 的无线接入架构

## 2. 基于 SDN 的 5G 核心网

传统的 LTE 移动分组网络架构只是将部分控制功能独立出来，但是分组网关依然采用的是控制与转发耦合在一起的结构，这样当控制功能集中而分组网下沉时，将带来信令的长距离交互，未来 5G 核心网的演进和 SDN 的发展是一脉相承的，通过将分组网的功能重构，进一步进行控制和承载分离，将网关的功能进一步集中化，简化网络转发面的设计，实现网络功能组合的全局灵活调度，包括移动性管理、流量处理能力，进而实现网络功能及资源管理和调度的最优化。图 4-3 给出了一种基于 SDN 的核心网架构图。

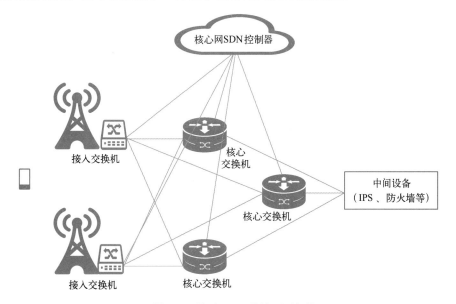

●图 4-3 基于 SDN 的核心网架构

如图 4-3 所示，基于 SDN 的核心网架构主要包括接入交换机、核心交换机、核心网 SDN 控制器以及中间设备（防火墙、IPS 设备等），在基于 SDN 的核心网架构中，终端无须通过专用网关设备 P-GW 以及点对点的隧道协议，就可以通过核心网交换机等通用化设备完成终端到 IP 网络的接入，实现控制面与数据面的分离以及控制面集中式的优化控制，解决传统 LTE 核心网面临的问题。

3. 基于 SDN 的 5G 安全需求

在 5G 网络架构中，SDN 技术是连接控制面和转发面的关键，NFV 将转发面中的转发设备和多个控制面中的网元用通用设备来替代，从而节省成本。5G 核心网中的资源调度、弹性扩展和自动化管理都是依赖基础的云计算平台。

5G 自身业务的多样性以及新技术带来的安全隐患，为 5G 网络安全提出了更高的要求。5G 需要针对 eMBB、mMTC 和 uRLLC 3 种应用场景提供不同安全需求的保护机制。eMBB 聚焦对带宽和用户体验有极高需求的业务，不同业务的安全保护强度需求是有差异的，因此需要针对客户提供的安全能力具备可编排性和模块化；mMTC 聚焦连接密度较高的场景，终端具有资源能耗受限、网络拓扑动态变化、以数据为中心等特点，因此需要轻量级的安全算法、简单高效的安全协议；uRLLC 侧重于高安全低时延性的通信业务，需要既保证高级别的安全保护措施又不能额外增加通信时延，因此需要安全能力的敏捷快速部署。5G 新的网络架构引入了 SDN、NFV 技术，解耦了设备的控制面和数据面。这为基于多厂家通用信息技术（IT）硬件平台建立新型的设备信任关系创造了有利条件，但是也给安全方面带来很多挑战。

因此，传统的安全防护模式已不再适用，5G 的发展迫切需要利用 5G 网络架构的有利条件，挖掘出 5G 网络的内生安全属性，建立基于软件定义的新型安全能力架构，实现构建高可信、高安全的 5G 网络的目标。

4. 基于 SDN 的 5G 网络安全能力框架

5G 网络增强了开放服务能力，基于 SDN/NFV 的编排能力是 5G 网络的重要能力集；因此，基于 SDN/NFV 的统一编排能力，可以将软件定义安全的架构应用到 5G 网络安全防护体系中，从而使 5G 网络具备保证各项业务安全的安全机制。基于软件定义的 5G 安全防护框架具体如图 4-4 所示。

基于软件定义的 5G 安全防护框架的主要有 6 个模块。

1）安全服务层：向 5G 垂直行业和 5G 用户提供可定制化、可编程的安全服务。

2）安全控制及编排层：根据来自安全服务层或安全数据分析层的安全需求，将安全策略下发给相应的安全设备实现安全防护。

3）安全分析器：使用大数据、人工智能等技术，将安全分析的结果转化为安全需求再发送给安全编排器。

4）网络控制及资源编排层：包含 SDN 控制器和 MANO 系统。SDN 控制器根据来自安全控制层的策略，实现流量的编排、管理。MANO 系统实现对安全功能需要的虚拟化资源的编排、管理，以及虚拟安全网元的生命周期管理。

5）安全资源池：包含硬件资源、安全资源池以及业务资源池。

6）安全管控系统：包含统一账号管理、认证管理、授权管理以及审计管理，可将安全控制器、智能分析与可视化工具等统一纳入安全管控体系。

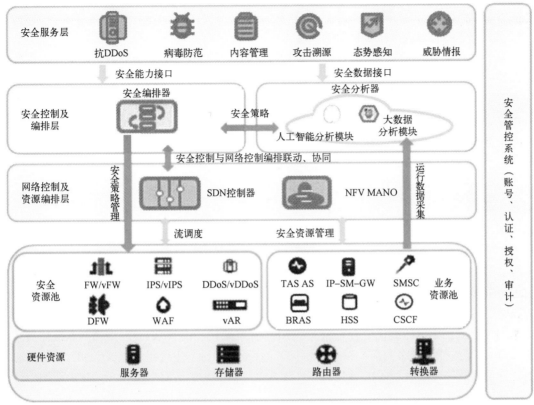

各类标注：

安全服务层　抗DDoS　病毒防范　内容管理　攻击溯源　态势感知　威胁情报

安全能力接口　　　安全数据接口

安全控制及编排层　安全编排器　安全策略　安全分析器　人工智能分析模块　大数据分析模块

安全控制与网络控制编排联动、协同

网络控制及资源编排层　安全策略管理　SDN控制器　NFV MANO　运行数据采集

流调度　安全资源管理

安全资源池　FW/vFW　IPS/vIPS　DDoS/vDDoS　DFW　WAF　vAR

TAS AS　IP-SM-GW　SMSC　业务资源池　BRAS　HSS　CSCF

硬件资源　服务器　存储器　路由器　转换器

安全管控系统（账号、认证、授权、审计）

AS—应用服务器
BRAS—宽带远程接入服务器
CSCF—呼叫会话控制功能
DDoS—分布式拒绝服务攻击
DFW—分布式防火墙
FW—防火墙

GW—网关
HSS—归属签约用户服务器
IP—互联网协议
IPS—入侵防御系统
MANO—网络功能虚拟化管理和编排

NFV—网络功能虚拟化
SDN—软件定义网络
SM—短消息
SMSC—短消息服务中心
TAS—电信应用服务器
vAR—虚拟接入路由器

vDDoS—虚拟分布式拒绝服务攻击
vFW—虚拟防火墙
vIPS—虚拟入侵防御系统
WAF—Web应用防火墙

●图 4-4　基于软件定义的 5G 安全防护框架

　　软件定义的 5G 网络安全能力架构优势通过构建基于软件定义的 5G 安全能力架构，能够实现 5G 网络模块化的、可调用的、快速部署的内生安全能力，能够更好地满足 5G 业务多样化和 5G 系统架构变迁所带来的安全新需求，包括以下几个方面。

　　（1）安全能力模块化管理，实现架构的可扩展和可编排

　　基于软件定义的架构，可以将网络安全能力进行独立的服务化定义，封装为安全能力模块。其他功能在授权的基础上，可以调用此安全能力模块。这里安全能力包括用户身份管理、认证鉴权、密钥管理及安全上下文的管理等。安全能力的模块化增强了安全能力的精细灵活化管理，支持基于安全编排的弹性灵活调用，同时支持对调用安全能力的授权。5G 网络内的安全能力以模块化的方式部署，并能够通过相应接口方便调用。通过组合不同的安全功能，可以灵活地提供安全能力以满足多种业务的安全需求。

　　（2）安全功能的快速部署以及调用

　　基于软件定义的架构，在安全能力模块化的、可调用的、可组合的基础之上，可实现安全功能自动化管理，包括安全功能的部署、编排、配置、调用等。相对于传统的人工配置的方式，该架构可以极大地提高效率，节省成本，使垂直行业可以直接安全地部署业务，从而

降低了业务门槛并缩短部署时间。

（3）安全能力开放，实现价值的共赢

基于软件定义的架构，垂直行业可以直接使用运营商开放的安全能力，降低了一些新型垂直行业的业务门槛和成本，缩短上市时间。通过安全能力开放，运营商可以盘活网络资产和基础设施，开创新的利益增长点；可以打破管道化运营和封闭网络模式，以电信网络为中心构建安全生态系统；可以提升差异化竞争力，形成运营商、垂直行业、安全厂商、个人用户的生态链，合作共赢共创商业价值。

## 4.2 网络功能虚拟化（NFV）

为了让网络设备不再依赖于专用硬件，能够最大化地共享资源，以此实现业务的快速开发与部署，并可基于实际业务需求进行自动部署、弹性伸缩、故障隔离和自愈等，NFV 技术应运而生。通过使用 x86 等通用性硬件以及虚拟化技术，来承载很多功能的软件处理。从而降低网络昂贵的设备，NFV 技术实现了软硬件的解耦，网元功能的抽象化。

ETSI（欧洲电信标准化协会）定义了 NFV 标准架构，由 NFVI（网络功能虚拟化基础设施）、VNF（虚拟化网络功能）以及 MANO（管理与编排）主要组件组成。NFVI 包括通用的硬件设施及其虚拟化，VNF 使用软件实现虚拟化网络功能，MANO 实现 NFV 架构的管理和编排，如图 4-5 所示。

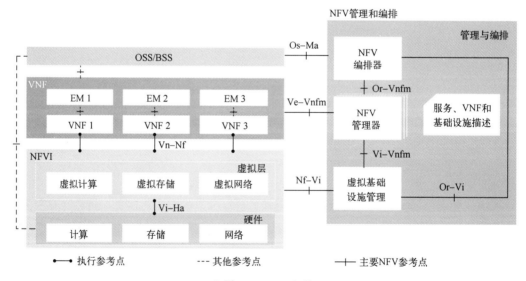

●图 4-5　NFV 架构

在 NFVI 中有计算、存储、网络、虚拟计算池、虚拟存储池、虚拟网络池，实现了底层硬件资源的解耦，更加灵活地支撑上层的应用，扩展性较强；VNF 里面包括了虚拟的 VNF1、VNF2、VNF3，有不同的网元，可以简单地理解为，不同的虚拟机中有不同的应用，具备不同的网络功能，每个 VNF 都是某个网络功能的一个实例，可以部署在一个 VM

或者多个 VM 上，灵活性较强；编排层是对整体的业务的发放和编排，对资源和平台、运维等的灵活调度，提高资源的利用率。MANO 主要由三个模块组成，包括资源编排（NFVO）、虚拟网络功能管理（VNFM）和虚拟基础设施管理（VIM）。NFVO 负责调度，根据需求进行虚拟资源的部署与资源的调度；VNFM 负责 VNF 生命周期的管理；VIM 负责 VNFS 资源调配。

在标准研究进展方面，ETSI 网络功能虚拟化行业规范组（NFV ISG）于 2012 年 10 月，由全球 7 家主流电信网络运营商创立，并成为推动 NFV 基础架构标准的主要国际标准组织之一，NFV ISG 下设 8 个工作小组：技术指导委员会（Technical Steering Committee，TSC）、接口和体系架构（Interfaces and Architecture，IFA）、产业和演进（Evolution and Ecosystem，EVE）、可靠和可用性（Reliability and Availability，REL）、测试实现及开源（Testing，Implementation and Open Source）、网络运营商委员会（Network Operators Council，NOC）、安全（Security，SEC）及对策（Solutions，SOL）。ETSI ISG 发布的白皮书和标准，主要涉及需求、基础设施综述、架构框架等；国际互联网工程任务组（IETF）网络功能虚拟化研究组（NFV RG）重点关注基于 NFV 的新型网络架构、NFV 云架构下的挑战、自适应编排和优化、非虚拟化架构及设备兼容等问题。研究项目涉及基于策略的资源管理、可视化和业务编排分析、虚拟网络功能的性能建模、安全性和弹性服务的验证等。该组织已经提出包括基于策略的 NFV 资源管理、NFV 业务验证问题描述及挑战等 13 份标准化草案；3GPP 的电信网管系统研究工作组（SA5）负责与 NFV 网管相关的标准化工作，在 ETSI NFV ISG 给出的 NFV 框架下，着眼于 NFV 的管理工作，包括配置管理（TS 28.510-513）、故障管理（TS 28.515-518）、性能管理（TS 28.520-523）、生命周期管理（TS 28.525-528）等。此外，3GPP 开始考虑 NFV/SDN 技术结合 5G 的发展来制订新一代的移动网络标准，重点研究如何利用 NFV 技术来提升 5G 网络的效率和灵活性；相比国外，国内通信行业标准协会 CCSA 也紧跟步伐，作为国内 NFV 标准研制的主要机构，主要研究工作分布在 TC3/TC5/TC7 等，在研项目有移动网络功能虚拟化技术现状研究、核心网网元虚拟化对电信级 Hypervisor 的需求、虚拟化核心网管理编排（MANO）接口功能需求研究、核心网虚拟化架构下的信令流程以及核心交换网控制面平台虚拟化技术研究等。

## 4.2.1　NFV 自身安全风险

NFV 对通信网络的发展极为重要，但在为电信运营商带来组网和成本下降便利的同时，也会引入新的安全风险，除传统风险（如 DDoS 攻击）外，新风险来自于不同组件，主要包括硬件资源安全、虚拟化安全、数据安全及编排管理安全。

（1）硬件资源安全

传统设备有较为清晰的物理边界，一般跨设备或跨域的攻击较少，但 NFV 技术引入后，弱化了物理边界，在硬件资源层，受到攻击的可能性大大提高，如平台整体安全能力受限于单个虚拟机的安全能力、虚拟网络与链路的映射安全、数据的跨域流动、密钥和网络配置等关键信息缺少足够的硬件防护措施等问题。

（2）虚拟化安全

虚拟化技术一方面促进了网络的重构，另一方面带来了安全的挑战，各个层面临的风险不一样，虚拟化层存在虚拟机逃逸、虚拟机流量安全监控困难、问题虚拟机通过镜像文件快速扩散、敏感数据在虚拟机中保护难度大等问题。在虚拟网元层，主要存在虚拟网元间的通信容易被窃听、虚拟网元的调试和监测功能可能成为系统后门等风险，同时还有虚拟网元的权限分配问题，一旦虚拟网元的权限被黑客窃取，后果不堪设想。此外，网络功能虚拟化采用大量开源社区及第三方软件，暴露面增大，受到漏洞攻击的可能性增大。

（3）数据安全

网络好像人体的骨骼，数据好比血液。数据在网络中流动，硬件资源及虚拟机的位置可根据需求动态迁移，因此数据泄露的风险增加。当数据从内部服务器转移到云端后，数据的控制权和管理权发生分离，将面临较大的非法窃取或篡改的风险，用户的隐私安全将受到严重威胁。数据安全贯穿整个生命周期，数据存储时如果管理员非法操作用户数据会造成数据泄露，数据传输时如果没有保护手段会造成数据窃取、篡改等，数据保护的机制和手段需要依据不同的环境而变化，NFV 技术下的数据保护面临的挑战更大，需要多方协同采取合适、合规的手段加以保护。

（4）编排管理安全

管理在安全领域中的地位不言而喻，软硬件的解耦，网络架构的扁平化发展，管理手段及模式随之而变，同时变化的还有管理的范围、权限等不断扩大、细化。NFV 架构下引入的高危区域就是虚拟化管理，在实例化的过程中管理层不仅要管理还需要创建网元实例，并为其分配资源，虚拟化管理层目前面临着多种风险漏洞，一旦遭遇恶意攻击，整个网络将失去控制权。在编排管理层，由于该层主要负责对虚拟资源的编排和管理、虚拟网元的创建和生命周期管理，编排管理层被攻击后，将可能影响虚拟网元乃至整体网络的完整性和可用性。

综上，对于 NFV 技术带来的风险，较大原因源于行业对 NFV 安全的认识和标准、技术研究相对滞后，思维模式还未完全转变，人们仍然习惯用边界防御的思想来解决 NFV 带来的挑战。另外，防御架构的变化、安全机制和措施的加载，通常会带来成本上升和性能的下降，运营商缺乏足够的动力去加强 NFV 网络的安全，虽然 ETSI 对 NFV 的安全提出了一些技术和措施，但并未针对具体的网元，在具体实践过程中可操作性不强。在 5G 网络即将大规模部署的当下，须凝聚各方力量，群策群力，加快 NFV 安全技术的研究，一方面充分发挥通信行业标准先行的引领意识，加快 NFV 安全标准的步伐，有效指导 NFV 产品的研发和安全部署，推动 NFV 产业的健康发展；另一方面加快前沿技术的安全研究，如内生安全、零信任等，推动基于可信的相关技术在 NFV 网络中的应用，让 NFV 技术安全可靠地发挥它应有的作用。

## 4.2.2　NFV 助力 5G 安全

网络功能虚拟化是通过软件实现虚拟化的网络功能。随着 5G 网络的迅速发展，未来电信网络的愿景也逐渐被勾勒出来，5G 网络的生态愿景如图 4-6 所示。

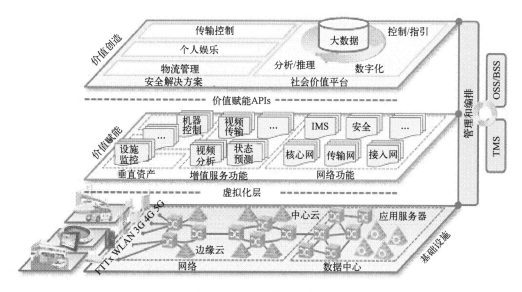

●图 4-6　5G 网络生态愿景

从图 4-6 可以看出，最底层是物理资源，如计算、网络、存储等分布于后台的数据中心、核心网、无线接入等。将这些物理资源被抽象出来后，形成第二层的虚拟化层，在这一层，网络功能和其他增值应用被虚拟化成一些逻辑实体。而最顶层包含了各种各样的服务，这些服务将使用虚拟化逻辑实体提供的 API。同时，这些多样的服务相互隔离却又共享着同一个通用平台。位于最底层和第二层的"资源层"和"虚拟化层"很容易映射到 ETSI 定义的 NFV 架构的相应或类似层里，如图 4-7 所示。所以 NFV 支撑 5G 的演进是不可或缺的必由之路。

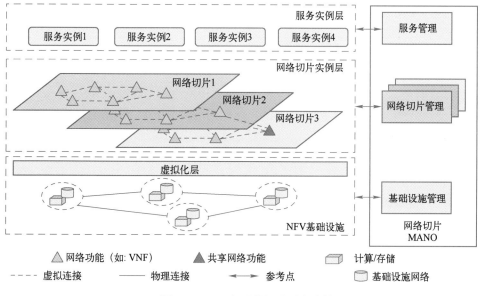

●图 4-7　NFV 与网络切片需求映射

NFV 在 5G 网络中的作用已是业界共识，NFV 的特性将加速 5G 网络的发展。同时，5G 网络的发展也将推进 NFV 技术发展进入新阶段，5G SA 网络基于 SDN（Software Defined Network，软件定义网络）/NFV，一定意义上，SDN/NFV 催生了新的 5G 核心网架构，呈现扁平化发展，是标准的 SBA 架构，这样的组网、架构更加有利于 5G 网络赋能垂直行业智慧化、智能化发展，为运营商和产业合作伙伴带来新的机遇。

此外，5G 网络核心技术之切片技术中的网络功能虚拟化，其网络功能按需定制，对比 NFV 定义与切片的需求不谋而合，VIM 负责基础架构的管理，VNFM 负责切片的管理，NFVO 则在业务层面进行管理。由此不难看出 ETSI 定义 MANO，其实已经暗含了 5G 网络对 NFV 提出的一些支撑需求。

切片技术和 MEC（边缘计算）是 5G 网络的典型代表技术，VNF（虚拟化网络功能）在 5G 网络中的创建、删除、配置等操作提高了网络和资源调度的灵活性，切片资源的安全隔离、MEC 算力下沉提高了 5G 网络的安全性与便利性，消减了传统 4G 网络中存在的一些风险，如数据泄露、数据回传等风险。SDN 与 NFV 二者相辅相成，共同推进 5G 网络的发展。SDN 作为网络架构创新与变革的具体体现，主要立足于网络云背景下，对网络架构重新定义，利用转发与控制面分离，实现网络虚拟化建设，并把整体网络当成一个资源池，对其展开协调调度，强化用户体验感，提升网络利用效率，同时也实现 API 开放，支持流量经营。NFV 作为业务使能的创新与变革的直接表现，主要围绕设备云化，面对设备具有虚拟化特性，利用硬件资源池，根据业务量的量变自动伸缩情况，优化硬件运用效果与高效安排能力。总地来说，SDN 侧重网络架构的重新定义，而 NFV 则侧重对网元设备结构的重新定义，可将网络服务从特定的硬件紧耦合关系中分离开来，为 5G 网络架构提供重要的技术基础。二者将共同提升 5G 网络弹性，实现 IT 与 CT 的融合。NFV 和 SDN 都可用于简化安全流程和控制。例如，系统内置的功能可以帮助检测网络中的安全威胁，然后应用安全补丁来修复代码漏洞。由于 NFV 和 SDN，开放式分布式体系结构可以比传统系统更好地支持加密等安全措施。加密是一种通过使文本难以理解的方式对数据进行保密的方法。作为一种安全工具，它提供机密性、身份验证、数据完整性和不可否认服务。使用 NFV 和 SDN，可以在网络中的交换机上而不是在硬件设备上启动加密软件，这一功能在数据中心尤其有用。此外，通过开放的分布式架构，SDN 控制器可实时提供网络的全局视图。

总之，网络功能虚拟化（NFV）在 5G 网络中的应用，使得 5G 网络不仅要保障基础设施安全，确保 5G 业务在虚拟化环境下安全运行，还增强虚拟网元之间的安全管理，解决有效安全隔离的问题。NFV 标准化已经逐渐成熟，具备基本的运维部署条件，目前正逐步向 IMS、EPC 等多个应用领域推进，也加快了 NFV 在 5G 场景的应用进程。而 NFV 面临的软件安全、数据安全、管理安全等安全挑战也是不容忽视的，目前国际上已有多个组织分别从加密、隔离以及认证鉴权等方面开展 NFV 安全问题研究工作，这项工作须全球各组织共同努力。

## 4.3 区块链

区块链技术是近年来最具革命性的新兴技术之一，其通过 2008 年化名为"中本聪"的学者发表的奠基性论文"比特币：一种点对点的现金交易系统"，逐渐走进人们的视野并被人们所熟知，同时也得到了学术界和各工业产业界的广泛研究和关注。区块链因为其去中心化、去信任化、集体维护和可靠数据库等特点在各行各业都具有广阔的应用前景。区块链技术不是一项新的计算机技术，而是一个新的技术组合，其包括的关键技术有点对点网络、加密技术、哈希计算、共识算法以及智能合约等。由于其为多种技术的组合，而且正在成为经济发展的新动能，并已经逐步应用于各行各业如智慧城市、供应链管理、物联网、数字货币、医疗健康等领域，其自身的安全问题、能源浪费问题、隐私问题以及吞吐量问题等也正在被人们所担忧。如何利用区块链技术为各行业提供更好的解决方案，如何解决区块链应用中遇到的各项问题成为人们研究的重点。本节将从区块链自身的安全风险以及区块链助力 5G 安全两个主要方面展开介绍。其中区块链自身的安全风险主要内容包括区块链技术简介、区块链目前面临的风险问题；区块链助力 5G 安全主要内容包括区块链的密码学技术、区块链技术在 5G 安全方面的应用等内容。

## 4.3.1　区块链自身安全风险

区块链是以比特币为代表的加密数字货币体系的基础支撑技术，其结合分布式数据存储、点对点网络传输、共识机制、加密算法等计算机技术，构建了一种新型的应用模式。对于其定义可以从狭义和广义上来分别进行理解。

狭义上的区块链定义为：按照时间顺序，将数据区块以顺序相连的方式组合成数据结构，并以密码学方式保证其分布式账本。不可篡改和不可伪造。

广义上的区块链可以从以下几种含义来理解。

1）作为一种数据结构的名称：当区块链作为一种数据结构被使用时，其指代将数据整合进入一个个"区块"当中，可以把"区块"这个概念理解成为一本书当中的一页，而一个个区块互相之间连接起来就像一个链条，因此称为区块链。

2）作为一种算法的名称：当把区块链作为一种算法来考虑时，指的是在一个完全去中心化的点对点系统中，将大量特定数据结构的数据妥善协调组织在一起的算法，类似于一种完美的民主投票方法。

3）作为一个完整技术方案的名称：当把区块链作为一个完整的技术方案时，区块链指的是将区块链数据结构、区块链算法、密码学以及安全技术综合在一起，来确保完全去中心化点对点系统完备性的一个完整技术方案。

4）作为普通应用场景下完全去中心化点对点系统的一个概括性术语：区块链普通应用场景下是完全去中心化的点对点系统，可以被看作利用区块链技术方案实现完全去中心化点对点分布式账本系统的方法。在这种情况下，区块链指的是一个完全的去中心化系统，而不是一个完全去中心化系统的一部分。

在了解区块链的各个概念之后，需要了解其特征，作为一种纯粹的分布式点对点系统区块链具有以下特点。

（1）功能性特征

1）明确所有权：回答构成所有权的主要问题，即谁拥有、拥有多少、拥有什么和拥有的时间。

2）转移所有权：转移所有权意味着改变所有权的当前状态。就这一作用而言，区块链可以让所有者将他们的财产转让给其他人。

（2）非功能性特征

1）高可用性：区块链不会宕机，甚至没有一个可以将其关闭的按钮，任何节点的宕机和电源切断都不会影响其可用性。

2）抗操纵：没有任何一个人能单独决定区块链交易数据的内容，也没有人可以关闭整个系统。

3）可靠性：区块链以良好的机制来实现它的功能区块链能够正确地明确和转移所有权。

4）开放性：区块链并不会拒绝任何用户使用其服务，相反，它对所有人都透明开放。

5）匿名性：区块链能准确地识别其用户，但它既不维护也不解释用户在真实世界中的身份。

6）安全性：区块链在个人交易层面以及整个系统层面都是安全的。就个人交易层面而言，区块链能确保所有权只保留在合法所有者手中。从整个系统层面来看，区块链保护所有使用者的所有权不受操纵、伪造、双重支出和未经授权的访问。

7）系统弹性：即使在开放的网络中，区块链也能正确地明确和转移所有权。区块链能抵抗广泛的针对所有权的攻击，比如伪造、双花以及通过伪装成别人来获取财产。

8）最终一致性：区块链不会始终产生一致的结果。相反，获得一致结果的机会将随着时间的推移而增加，最终会使整个系统具有一致性。

9）保持系统完备性：区块链可保持数据的一致性，并确保单个交易和交易数据的整个历史记录的安全性。

目前区块链的快速发展和技术特点，使其迅速在国内外各个行业领域得到应用，除了在数字货币、支付汇兑、供应链金融等金融领域有大量应用之外，在电信运营、物联网、数据存证和版权保护、溯源防伪和供应链、娱乐及医疗健康等领域也有了一些尝试。

**1. 数字货币**

数字货币是区块链最早也是最主要的应用场景，这些数字货币可以分为如下几类：纯数字货币类公链中的代币，如比特币，主要用于在线支付和购买商品；开发类公链中的代币，以 NEO 和以太坊为代表，该公链具有解析和运行智能合约的功能，降低了分布式应用的开发成本，提高了开发效率；协议类公链中的代币，主要是对公链的补充，在性能、吞吐量、应用范围等方面优化公链生态系统，如 RDN 雷电币是在以太坊的基础上通过使用通道技术缓解主网交易拥堵问题；基础设施类公链中的代币，这类公链是指可为其他区块链提供包括计算、存储、网络带宽等基础能力的项目。

**2. 供应链金融**

供应链金融是指为中小型企业制定的一套融资模式，将资金整合到供应链管理中，以核心企业为中心，以真实存在的贸易为背景，通过对资金流、信息流、物流进行有效控制，把单个企业的不可控风险转变为供应链企业整体的可控风险，通过立体获取各类信息，将风险控制在最低，从而提高链条上的企业在金融市场融得资金的可能性，进而促进链条上企业间的高效运转，实现资源的有效整合。我国的供应链金融经历了传统线下供应链金融、线上供应链金融、电商供应链金融、开放化供应链金融四个阶段。

　　传统的供应链金融核心就是"1+n"模式，1 即为核心企业，n 是与核心企业匹配的上下游中小微企业。该时期的供应链融资主要集中在线下，银行难以评估融资项目的真实性，加之在实际操作过程中，由于信息闭塞，造成重复抵押屡禁不止，大量的假仓出现，潜在风险很大。

　　近年来，供应链金融快速发展，呈现从线下转为线上的趋势：①银行专门开发与供应链融资配套的系统，通过与核心企业的合作，获取核心企业信息，比如物流、资金流、信息流等；②以阿里、京东等电商巨头为例，结合具体业务场景打造的场景模式和强大的数据信息体系，对其平台的商户信息和消费者信息实现了点对点式的监控，在这一阶段，资金流、物流、商流、信息流都在电商的闭环管理之内，金融业务成为电商食物链上最顶端的一环。

### 3. 医疗健康

　　当前医疗健康领域产生了大量数据，区块链技术可以激活这些可交换数据的价值，同时提高医疗服务机构对用户提供服务的质量。此外区块链在研发、定价、销售，以及患者就诊、保险等环节，可以帮助实现数据共享、透明可信、防伪溯源等功能。通过区块链，可以打破机构间壁垒实现自上而下或多方合作式的数据共享。区块链还应和智能合约、大数据等结合发挥作用。

### 4. 电信运营商

　　目前，国内外电信运营商都开始投入区块链技术的研究中，并已经在电信领域服务产业经济中取得了一定的成果。美国的电信巨头 AT&T，申请了一项关于使用区块链技术创建家庭用户服务器的专利。该专利成为电信行业在区块链领域的首个应用探索；法国电信 Orange 也选择在金融服务领域尝试区块链，用于自动化和提高结算速度，从而在一定程度上减少了清算机构的成本；瑞士大型国有电信供应商 Swisscom 宣布成立"Swisscom Blockchain AG"公司，该公司专注于围绕区块链技术开展一系列服务，包括面向企业的解决方案；西班牙电信巨头 Telefonica 宣布，该公司和安全技术创业公司 Rivetz 合作，开发基于区块链交易和即时通信的智能手机解决方案。

　　国内的电信运营商也都在不同程度上研究区块链技术。中国电信打造的区块链可信基础溯源平台"镜链"，提供完备的区块链溯源基础能力；中国移动积极推动 ITU-T 成立"区块链（分布式账本技术）安全问题小组"并担任副组长职务，该组致力于区块链安全方面的研究和标准化；中国联通联合中兴通讯、中国信息通信研究院、中国移动在 ITU-T SG20 建立了全球首个物联网区块链国际标准项目"基于物联网区块链的去中心化业务平台框架"；中国联通、中国电信和中国移动共同在 ITU-T SG13 发起"NGNe 中区块链场景及能力要求"，研究区块链在电信网络中的应用。

　　在电信基础设施方面，区块链作为多节点共同维护的分布式账本，其分布结构与云计算相似。同时，部署运营后的区块链系统，也需要面对不断增长、难以预测的存储和计算需求，这与云计算按需灵活调配算力资源的工作机制也不谋而合。不止于此的相似性，促使了云计算技术与区块链技术的融合，利用云计算基础设施加速区块链应用的落地，基于区块链技术搭建云计算服务平台。BaaS（Blockchain as a Service，区块链即服务）模式，凭借弹性的架构和部署快的特点，降低区块链应用门槛，节约综合成本，还具有一定的定制化功能和安全性保障，满足了实体（如初创企业、学术机构、开源机构等）对于区块链应用开发与部署的需求，加速了其应用的实施与落地。运营商具备良好的云计算服务资源，5G 等新一代通信技术的发展，使得运营商在云网基础设施和 BaaS 能力开放方面，有了新的服务空间。发挥云网协同优势，为区块链提供基础网络服务；发挥云边协同优势，为区块链提供强大的计算和存储服务；发挥渠道生态优势，为 BaaS 平台聚合更多的行业用户，不仅加速区块链应用的部署，同时提供多样的应用场景与客户需求。

在国际漫游方面，区块链技术可以应对运营商国际漫游结算运营业务安全性及高效性的挑战。通过将运营商之间的漫游记录上链，其几乎不可篡改的特征将确保漫游协议以及清算体系的唯一、稳定，增加了实施欺诈行为的复杂度；可追溯的功能，为申诉、赔偿以及维护运营商、用户的合法权益提供有效保障；智能合约的机制，可以简化参数配置等环节人工干预的程度，不仅提高漫游结算运营的准确性，同时提高工作效率。

在数据存证方面，区块链技术可以为电子数据存证系统提供安全保障，提高使用效率。以一定的结构形式将凭证数据封装于区块之中并上链，以此提供数据存储、查询追溯、比对分析等功能。基于区块链去中心化、几乎不可篡改的特征以及智能合约的机制，维护数据存证系统的安全性、可靠性。运营商可以为区块链数据存证系统提供覆盖区块链技术架构的完整服务，提供智能调配的存储计算资源、安全可信的通信资源以及服务平台，实现全流程数据上链，创建一个公开透明、实时同步、难以篡改、安全可靠、高度可信的非中心化存证系统。

区块链技术快速发展的同时，出现了很多亟待解决的问题，因为区块链技术的主要特点是在所有参与节点对存储在区块链上的数据值和状态共识一致后，将无法修改和删除。这种分布式的节点共识及存储保障了数据的完整性和安全性，同时也为构建在上面的各种应用提供了可信的基础。目前区块链技术主要面临的缺陷可以从技术缺陷和非技术缺陷两个方面来展开概括：

**1. 区块链的技术缺陷**

（1）缺乏隐私

区块链是一种完全分布式的点对点账本系统，负责维护完整的历史交易记录。所有交易细节对系统内的所有用户都会公开，这样才能让所有人明确所有权并且验证新的交易是否真实合理。因此，缺乏隐私成为区块链的一个缺陷。失去了透明性，区块链就无法履行其职责。然而，这种透明性通常被视为实现其应用的一个限制因素，尤其是应用于对隐私要求较高的情况时。

（2）安全模式单一

区块链采用了非对称加密算法进行用户身份验证以及交易的授权。区块链账户实际上可以看作公钥，只有持有对应私钥的用户才能获取账户中的资产。只有包含数字签名的交易数据才是有效的，且能够实现账户间的资产转移，而数字签名是通过私钥生成的。私钥是证明所有权的唯一工具。只要某账户的私钥被故意泄露，那么这个独立账户的安全性就无法得到保障。除此之外，保护账户资产的其他安全措施是不存在的。这里需要指出的是，区块链采用的非对称加密算法是迄今为止最好也是最强大的加密方式。因此，区块链的安全性本身是很强的。然而，除此之外区块链系统并没有其他安全措施能够防止用户丢失和泄露私钥。

（3）延展性的限制

区块链的点对点系统旨在实现两个目标：其一，允许所有人在共同维护的历史记录中添加新的交易记录；其二，确保交易数据的历史记录不会被控制或伪造。区块链平衡这两个目标的方式是：采用不可更改且只允许添加新数据的数据结构，在新区块添加时要求给出哈希难题的解答（解答哈希难题是非常耗时的）。解答哈希难题是一种有效防止历史交易记录被操控的方式，因为要实现这一点需要极高的成本。不幸的是，采用这一安全措施的代价就是交易处理速度的下降，因此也就限制了区块链的延展性。区块链的这一特点被视为其在高处理速度、高延展性以及高吞吐量环境中应用的重大阻碍。

（4）高成本

高成本问题和延展性问题有关。解答哈希难题或确保工作量证明算法正常运行都需要极高的计算成本。正是这一安全措施才能保证历史交易记录具有不可更改性。这里所说的计算成本包括时间、设备等方面的投入。然而，最终的结果始终是不变的：工作量证明成本极高。因此，整个区块链系统的运作都需要付出成本。至于成本的高低则取决于哈希难题的难度。

（5）隐藏的中心化属性

在区块链数据结构中添加区块所需解答的哈希难题。那些拥有庞大金融资源的人会投资专业的硬件用于解决哈希难题，从而对系统做出贡献，最终取得奖励。另一方面，没有专业硬件的人想要为系统验证交易并添加新区块就会变得极其困难和无利可图，最终只会让他们选择退出，不再为系统贡献计算资源。因此原本数量庞大且成员多样化的节点最终会演变为小部分由企业控制的节点，它们因为能够获得专业硬件而持有大量的算力，最终会垄断系统。与其他行业的垄断行为一样，这一小部分企业可能滥用权力（比如故意忽略特定交易或者区别对待用户）。这就构成了潜在的中心化属性，会对整个系统的分布式特性构成威胁。从技术的角度来看，这类系统仍然是分布式的，但其完备性却只能依靠一小部分企业来维护。

（6）缺乏灵活性

区块链是一个复杂的技术组合，由一系列经优化后相互兼容的协议组成。改变这个井然有序的系统是极具挑战性的。事实上，一旦区块链开始运作，没有任何一个有效的方法能够改变或升级其主要部件，这一点就要求区块链系统有一个较长的使用寿命。

（7）临界值

区块链防操纵的特点以及共同维护历史交易记录的可行性都基于这样一个假设，即系统中的大多数算力都是由诚实节点控制的。然而，在算力有限的小型点对点系统中，前文所说的大多数可能仍是少数，因此很可能导致 51% 攻击的出现。所谓的 51% 攻击，简单来说即如果某个节点拥有超过全网 51% 的算力，就能够实现双重支付、撤销交易等操作，从而让比特币网络崩溃。

**2. 区块链的非技术性缺陷**

（1）缺乏法律认可

区块链能够让用户在公开和完全分布式的点对点系统中对所有权进行管理和转移。独立节点通过分布式共识参与管理所有权的方式也引来了质疑，因为人们对在区块链中生成的交易的合法性存在质疑。无论这项技术的安全性和复杂程度如何，区块链中交易的合法性问题都是需要解决的问题。这是关于如何在现有法律系统中融合一种新的所有权管理方式的问题。

（2）缺乏用户接受度

用户接受度的缺失是另一个不可忽视的问题。区块链法律地位的不确定性将会造成用户的怀疑，最终打消其使用区块链系统的念头。用户接受度的另一方面在于教育成本，当用户不了解区块链所用的基础技术时，要想让他们使用并信任区块链是不现实的。

## 4.3.2　区块链助力 5G 安全

**1. 区块链中的密码学技术**

由于区块链的去中心化和数据的公开化，为了保证区块链上存储数据的安全性和完整性，区块链在定义和构造的过程中使用了多种密码学技术，包括非对称加密算法、哈希算法和区块链共识算法等。

（1）非对称加密算法

区块链大量使用到了非对称加密技术，用于保护数据安全和防止未经授权的人获取用户数据，并且确保只有合法的所有者才能获取他的资产。非对称加密技术使用两种对应的密钥对数据进行加密和解密，一般称其为公钥和私钥。使用一种公钥加密数据后，只能用与之相对应的私钥解密数据，而私钥一般掌握在数据所有者手里，所以确保只有数据所有者能够对公钥加密的数据进行解密。

区块链使用非对称加密技术，主要为了实现以下两个目标。

1）确认账户：区块链需要确认用户的账户，这样才能保证用户和财产之间的对应关系。用户的账户就相当于公钥，不同的用户之间通过使用公钥来确认账户同意转移资产。此时，区块链中的公钥可以理解为一个公开的邮箱账户，任意一个用户都有一个公开的邮箱账户，人人都可以给其邮箱发送邮件。

2）授权交易：完成交易必须要能证明用户确实同意转移资产所有权。信息流通可以追溯到用户授权资产的转移，并且要通知到检测交易数据的所有人。这种信息传输过程就需要用到非对称加密，即用户通过私钥来加密交易数据，任何拥有与之对应公钥的人，都可以确认这笔代表所有权转移的交易已经发生，因为公钥就相当于用户的账号。

（2）哈希算法

在去中心化的点对点系统中，由于区块链的数据缺乏隐私的特性，如何对数据进行唯一性识别并防止数据被篡改需要利用哈希算法对数据进行处理。

哈希算法又称散列函数，可以对数据进行单向加密，无论输入数据的大小及类型如何，它都能将输入数据转换成固定长度的输出。哈希算法具有以下特征。

1）确定性：该特性意味着哈希算法对相同的输入数据总能产生相同的哈希值。不同哈希值的差异必定由输入数据的不同引起。

2）伪随机：当输入数据发生改变时，哈希算法返回的哈希值是不可预测的。即使输入数据只有一点变化，所得到的哈希值也无法预测。

3）单向函数：不能通过任何方式由输出值推导出输入值，且单向函数是不可逆的。

4）防碰撞：不同数据块产生相同哈希值的概率很小。

哈希算法的上述特性，能有效地保证区块链技术可以及时发现数据的改变，同时能够使其存储的数据不被篡改。当发生任何数据的改变时，对应的哈希值则不再完整。因此只要发现哈希值的不同就可以证明数据已被篡改。同时当数据存储的哈希值形成链式结构时，任何一个区块的哈希值的改变都会引起整条链条哈希值的变化，即修改任何一个区块的哈希值，其后所链接的区块的哈希值都要相应修改，这时需要消耗巨大的计算量，使其不会被篡改。

利用哈希算法在区块链中可以构建默克尔树，它是一个基于哈希值的二叉或多叉树，由一个根节点和一组中间节点以及一组叶子节点组成。所有叶子节点对应原始数据的哈希值，每个非叶子节点都等于其子节点组合后的哈希值。默克尔树的结构图如图 4-8 所示。

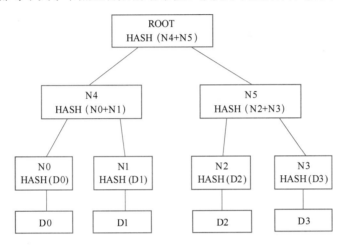

●图 4-8　默克尔树结构图

默克尔树逐层计算并存储哈希值的特性，让其可以使用少量的空间校验数据的一致性，同时只要保证根哈希值没有变，就可以确保树形结构中的每一个节点的哈希值都没有变化，这意味着树根的值相当于所有底层数据的"数据摘要"。

（3）区块链共识算法

区块链通过共识机制在整个网络节点中维持一份相同的数据，同时保证每个参与者的公平性，整个体系的所有参与者必须要有统一的协议，这个统一的协议就是共识算法。共识算法由相关的共识规则组成，这些规则可以分为两个大的核心：工作量证明与最长链机制。共识算法的目的就是保证比特币不停地在最长链条上运转，从而保证整个记账系统的一致性和可靠性。

目前区块链主流的共识算法包括：工作量证明机制、权益证明机制、股份授权证明机制和 Pool 验证池这四大类。

1）工作量证明机制（PoW）：工作量证明机制即对于工作量的证明，是生成要加入区块链中的一笔新的交易信息（即新区块）时必须满足的要求。在基于工作量证明机制构建的区块链网络中，节点通过计算随机散列的数值解争夺记账权，求得正确的数值解以生成区块的能力是节点算力的具体表现。工作量证明机制具有完全去中心化的优点，在以工作量证明机制为共识的区块链中，节点可以自由进出。大家所熟知的比特币网络就应用工作量证明机制来生产新的货币。然而，由于工作量证明机制在比特币网络中的应用已经吸引了全球计算机大部分的算力，其他想尝试使用该机制的区块链应用很难获得同样规模的算力来维持自身的安全。同时，基于工作量证明机制的挖矿行为还造成了大量的资源浪费，达成共识所需要的周期也较长，因此该机制并不适合商业应用。

2）权益证明机制（PoS）：与要求证明人执行一定量的计算工作不同，权益证明要求证明人提供一定数量加密货币的所有权即可。权益证明机制的运作方式是，当创造一个新区块时，矿工需要创建一个"币权"交易，交易会按照预先设定的比例把一些币发送给矿工本身。权益证明机制根据每个节点拥有代币的比例和时间，依据算法等比例地降低节点的挖矿难度，从而加快了寻找随机数的速度。这种共识机制可以缩短达成共识所需的时间，但本质上仍然需要网络中的节点进行挖矿运算。因此，PoS 机制并没有从根本上解决 PoW 机制难以应用于商业领域的问题。

3）股份授权证明机制（DPoS）：股份授权证明机制与董事会投票类似，该机制拥有一个内置的实时股权人投票系统，就像系统随时都在召开一个永不散场的股东大会，所有股东都在这里投票决定公司决策。基于 DPoS 机制建立的区块链的去中心化依赖于一定数量的代表，而非全体用户。在这样的区块链中，全体节点投票选举出一定数量的节点代表，由他们来代理全体节点确认区块、维持系统有序运行。同时，区块链中的全体节点具有随时罢免和任命代表的权力。如果必要，全体节点可以通过投票让现任节点代表失去代表资格，重新选举新的代表，实现实时的民主。股份授权证明机制可以大大缩小参与验证和记账节点的数量，从而达到秒级的共识验证。然而，该共识机制仍然不能完美解决区块链在商业中的应用问题，因为该共识机制无法摆脱对代币的依赖，而在很多商业应用中并不需要代币的存在。

4）Pool 验证池：Pool 验证池基于传统的分布式一致性技术建立，并辅之以数据验证机制，是目前区块链中广泛使用的一种共识机制。Pool 验证池不需要依赖代币就可以工作，在成熟的分布式一致性算法（Pasox、Raft）基础之上，可以实现秒级共识验证，更适合有多方参与的多中心商业模式。不过，Pool 验证池也存在一些不足，例如该共识机制能够实现的分布式程度不如 PoW 机制等。

**2. 区块链技术在 5G 安全方面的应用**

5G 技术的广泛应用带来了新的技术变革，其发展使得万物互联成为可能，数据在无线网络中的传播和共享变得更为频繁。5G 技术的发展为人们生活带来便利的同时，也存在着相应的安全问题。如当万物互联时如何对其身份进行有效的认证，数据的流通及共享如何保证数据的安全。区块链技术依托其特性，能有效地保证身份的真实性，同时防止数据在流通的过程中被篡改和伪造。下面对区块链助力数字身份认证和区块链助力数据流通和共享分别进行介绍。

（1）区块链助力数字身份认证

传统 PKI（Public key Infrastructure，公钥基础设施）技术中，CA（Certificate Authority，证书认证机构）是信任的起点，只有信任某个 CA，才信任该 CA 签发的数字证书。但在具体应用中，处于核心的 CA 极易遭受攻击，一旦被控制，CA 根证书以及该 CA 已经签发的证书都不再可信。另外，私钥和证书的个体差异导致批量配置设备证书效率较低。最后，用户证书只能由所属 CA 的根证书进行验证，不同 CA 之间不能相互验证。

在区块链中，一旦数据通过共识之后记录到区块链中，那么数据就被所有参与方认可。若将通过共识的数字证书记录到区块链中，那么这些数字证书就可以被区块链所有参与方认可。区块链没有中心化的信任节点，区块链数据也以分布式的方式存储于多个节点之中，破坏任意节点均不会导致区块链数据丢失，区块链可以解决传统 PKI 技术单点失败问题。

区块链没有中心化信任节点，因此可以实现证书用户自行生成证书，区块链节点按照规则判断证书是否真实，将真实有效的证书记录到区块链当中，这样可以提升证书批量配置的效率。特别地，如果参与共识的节点仅限于传统 CA 机构，那么就在多个 CA 机构之间建立起信任关系，可以解决多 CA 互信难的问题。基于上述特点，基于区块链的 PKI 数字证书管理系统可以确保记录到其中的数字证书的安全可信。在该系统中，证书用户可自行生成一份数字证书，将数字证书提交给区块链系统进行验证和共识，通过验证和共识之后，该数字证书及其状态就记录到区块链系统中。

（2）区块链助力数据流通及共享

随着 5G 技术和大数据的广泛普及和应用，数据的量级和价值正在日益增大，数据流通和共享的需求更加频繁。数据的流通和共享有利于最大化地挖掘出数据资源的潜在价值，推动产业模式创新和产业转型升级。面对数据流通和共享过程中如何保证数据内容的真实性，同时防止数据的仿造和被恶意修改，区块链技术可以有效地解决该类问题。

1）构建"去中心化"数据流通和共享生态体系

在数据流通共享的流程中，区块链的去中心化、分布式账本、共识机制和智能合约，可以为数据的流通和共享提供较为合适的技术手段。

① 区块链所具有的分布式、自组织特性，可用于构建数据共享、分散协作的去中心松散生态环境。对于各行各业的数据，当其数据类型、格式和内容存在很大程度的相似性时，能应用于同一需求场景。数据各需求方、拥有方等，可根据情况自愿组成联盟链，数据拥有方将能够共享的数据元信息、样例数据等在链上进行公开，需求方可根据自身需求提出数据获取需求，达成的数据交易及数据权属流转信息的转移也都记录在链上。以区块链技术为基础，构建"去中心化"的新数据流通体系。

② 依靠区块链提供的分布式账本结构，让数据交易流通记录能够做到公开透明、不可篡改和可追溯，充分反映流通各环节状况，建立数据流通各链条之间的信任关系。

③ 基于共识机制，在数据资源产生或流通之前，将确权信息和数据资源有效绑定并登记存储，使全网节点可同时验证确权信息的有效性，并以此明确数据资产的权利所属人。通过数据确权建立全新的、可信赖的大数据权益体系，为数据交易、公共数据开放、个人数据保护提供技术支撑，同时为维护数据主权提供有力保障。

④ 基于区块链技术，可以依据智能合约等对流通的数据进行统一的分级分类管理。

⑤ 在数据安全保护方面，依托智能合约独立运行的沙箱环境，除了数据授权方和利益相关方，无人能够接触到相关数据，并且严格按照智能合约设置的数据查看权限进行数据访问，这从一定程度上保证了数据的隐私性。

2）数据流转溯源

区块链提供的不可篡改的、全历史的分布式数据库，可以应用于数据流通溯源。在数据溯源应用中，可以将数据分块打上数字水印，并将每块数据的标识、描述、水印、权属等信息写在区块链上，后续数据流转方或使用方将该数据的流转和使用记录也记录在链上。这样，每块数据的交易流转路径都被清晰和明确地记录。整个溯源信息由多方互相验证其信息有效性，杜绝了伪造数据，同时又能对数据的流转进行溯源。当用户对数据有疑问时，可以准确方便地回溯历史流转记录，判别其数据来源和真实性。

3）提供企业内部数据开放共享的审核、监督和管理手段

区块链技术能够对在企业内部数据共享过程中的审核、监管、审计等提供有效手段。除了对外的数据分享，运营企业内部的业务部门、技术部门或个人也有利用大数据进行业务创新的需求。而企业内部的数据共享的审核监管手段较为粗放和多样，因此企业内部需设立信息安全管理部门，信息安全管理部门也需要对企业内部的数据流转进行监管和审计。为了更有效地对数据的流转进行监管和审计，减轻信息安全管理人员的人工工作量，可以利用区块链技术，使企业内部的数据生产单位、各级数据需求单位、相应的审批管理单位等组成联盟链，将数据需求提出、需求审批流程、数据需求完成等上链，方便管理部门进行查验和对内部数据共享情况进行追溯。

## 4.4　人工智能

人工智能（Artificial Intelligence，AI）是一门由计算科学、控制论、信息学、神经生理学等多种学科相互渗透而发展起来的综合性的新学科。人工智能起源于 1956 年，经过了半个多世纪的发展，已经取得了突破性的进展。人工智能的发展几起几落，经历了三次发展高峰。第一次高峰是 20 世纪 60 年代，人们看到了人工智能系统能与实际相结合，感受到了人工智能的巨大潜力，从理论阶段转向实际应用。第二次高峰起源于 20 世纪八九十年代，日本启动了"第五代机"项目，目的是制造出能够像人一样的推理机器人。中国受其影响，将智能计算机系统、智能机器人和智能信息处理等重大项目列入国家技术研究发展计划（"863"计划），将人工智能作为重点研究领域。第三次则是 21 世纪，深度学习成为这次高峰出现的主推手，解决了神经网络学习过程中的梯度消失等问题。此外，深度学习中的网络层结构能够自动提取复杂特征，解决了传统方法中人工提取特征的问题。

人工智能在发展过程中，出现了三个流派：符号主义、连接主义以及行为主义。符号主义的核心是符号推理与机器推理，用符号表达的方式研究智能、研究推理；连接主义的核心是神经元网络和深度学习，模仿人的神经系统，将模型以计算的方式呈现，用以模仿智能；行为主义则是控制、自适应与进化计算。

近年来，人工智能在应用领域取得了突出成就，被认定为信息领域中推动社会发展的新技术。深度学习、软件框架的出现，加快了人工智能的应用。世界各国政府也认识到人工智能技术所蕴含的巨大能量，给予了高度的重视以及巨额的投资，展示出国际社会对人工智能技术造福人类所寄予的期望。

### 4.4.1　人工智能自身安全风险

人工智能作为国家战略性技术，已成为各行各业关注的焦点。近年来，互联网的高速发展，使得海量数据的获取成为可能，加之计算能力的提升以及人工智能算法的突破性进展，使得人工智能得到了快速发展，迅速应用于各个领域。但技术是一把双刃剑，人工智能在为国家经济和社会带来便利的同时，也带来诸多的风险与挑战。目前，人工智能安全问题已引

起各国的重视，在人工智能技术转化和应用场景落地的同时，也加大对人工智能安全的主动防御以及前瞻性研究。

　　人工智能安全问题主要体现在内在安全以及应用安全。内在安全包括数据安全、算法安全、框架安全等。应用安全包括人工智能系统失误引起安全问题以及人工智能滥用对人类和社会造成危害。人工智能安全体系如图 4-9 所示。

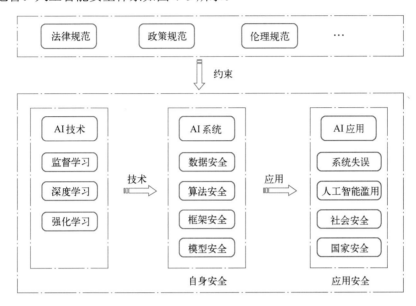

●图 4-9　人工智能安全体系

### 1. 人工智能内在安全问题

**（1）数据安全风险**

　　人工智能依赖海量的数据进行训练，因此数据关系到人工智能算法的准确性。从不同工程阶段来看，数据的类型主要有采集的原始数据、训练数据和测试数据、应用系统的实际数据等。人工智能系统的数据生命周期如图 4-10 所示，数据贯穿于人工智能的整个生命周期。影响数据安全的因素主要有：数据集质量、数据投毒以及对抗样本。

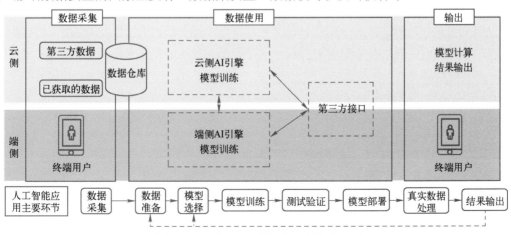

●图 4-10　人工智能系统的数据生命周期

数据集的质量对算法的执行效果会产生很大的影响。对于不同的任务类型，数据规模要求也不同，越复杂的场景，需要的数据规模会越大。数据集的规模较小时，会使训练后的模型准确性下降。数据样本应涵盖各种数据类型，并且各种类型在数据规模上达到均衡。标注样本数据的准确性也会影响样本的质量，比如在识别图像中的飞机时，每个样本都要准确标注出飞机。

数据投毒是指对样本数据进行污染，使训练模型产生错误分类。由于样本数据来源于线上采集，攻击者很容易上传错误样本数据，人为影响模型的准确性。

对抗样本攻击是 Christian Szegedy 等人提出的一种新的攻击手段，在待识别的数据中加入很小的扰动，使模型输出错误的结果。例如 Nicholas Carlini 等人在待识别的音频中加入很小的噪声，语音识别模型很难识别出音频内容。这种小的噪声加入音频后，往往人耳辨别不出差异。

（2）算法安全风险

算法设计或者实施有偏差，会使模型输出偏离预期结果，造成预想不到的伤害。例如，美国 Uber 自动驾驶汽车曾由于不能正确识别行人，撞到一名中年女性不治身亡。谷歌和 OpenAI 的研究机构等将算法安全问题分为三类：算法定义了错误的目标函数；定义了计算成本过高的函数；算法模型不能完全表达实际情况。

人工智能技术在应用中出现的算法黑箱成为监督部门以及用户的关注点。如何对相关算法、模型及其给出的结果进行合理的解释，成为人工智能亟须解决的问题。只有决策或者判断可解释，才能在使用中了解其不足，知道其值得信赖的场合，才能更好地评估风险不断改进。

算法包含的潜在偏见和歧视，也会影响算法的安全性。由于算法的设计者对事物的认知存在主观偏见，或者样本数据本身具有歧视性，会使训练后的模型产生带有歧视性的结果。例如，将算法应用于犯罪评估、信贷等场合，产生的歧视会损害个人的权益。

（3）框架安全

人工智能算法在迅速发展中出现了许多优秀的深度学习框架，这些框架提供了一些常用的函数和功能，使开发者更方便实现人工智能算法。目前常见的深度学习框架有 TensorFlow、Caffe、Keras、Theano 等，这些框架本身依赖不同的库，框架和库之间复杂的依赖关系会导致很多安全隐患。例如，Caffe 依赖 libjasper、OpenCV 等视觉库，CVE-2017-9782 中的 libjasper 安全漏洞以及 CVE-2017-12599 中的 OpenCV 安全漏洞，都会导致 Caffe 出现安全问题。

（4）模型安全

人工智能的算法和针对该算法进行训练后得到的参数组合成为人工智能的模型。通过算法训练人工智能的模型参数是非常耗时的，但是可以将训练后生成的模型打包成文件，供使用者直接调用，例如，TensorFlow 框架将模型保存为.ckpt 文件。这些模型一般比较庞大，用服务器作为存储介质，一旦这些模型参数被攻击者窃取，会造成严重的后果。攻击者可以利用模型，采用对抗样本进行攻击，使模型失效，所以在保存模型的过程中要注意传输安全和管理安全等。

人工智能训练后的模型可以像商品一样提供给用户共享、再训练或者转售等。攻击者得到模型后，可以向模型中注入恶意行为，生成新的含有漏洞的模型进行分享，引起重大的安全问题。Yingqi Liu 等人通过复杂的攻击方法实现了此类型的攻击。

人工智能模型是依赖于概率以及统计模型构建的，其准确性和鲁棒性之间存在着平衡关系。Eykholt 等研究表明，针对在对抗样本攻击下的鲁棒性，模型的准确度越高，其普遍鲁棒性越差。

**2．人工智能应用安全问题**

（1）人工智能系统失误引发的安全事故

近几年，人工智能在应用方面取得了骄人的成绩，但是也出现了一些因系统失效导致的安全事故。例如，Uber 自动驾驶失效，导致一名女性死亡；大众的德国工厂里智能机器人失控导致技术工人身亡；医疗人工智能给出了不安全的医疗建议；会话人工智能产生偏激言论等。人工智能失控会引发一系列安全事故，如何避免人工智能失效给人带来的不安全因素成为一个重要的研究方向。

（2）人工智能滥用引发安全问题

目前，人工智能应用的领域越来越多，人工智能强大的能力也给不法分子提供了违法犯罪的途径。人工智能的滥用体现在两个方面：一是恶意使用人工智能进行网络攻击；二是使用人工智能造成不可控的安全问题。

人工智能的发展，使网络攻击更加自动化和智能化，提高网络攻击的效率，给网络安全带来新的挑战，例如利用人工智能进行密码破解，APT 攻击高度自动化等。一些不良信息的传播隐蔽得更深，更加不容易防控。一些不法分子利用语音合成技术假扮受害人亲属实施诈骗行为。此外，人工智能的滥用，给人们带来很大的困扰，例如手写伪造、聊天机器人拨打广告电话等。人工智能的滥用，不仅加剧了网络安全的脆弱性，也给人们的生活带来了巨大的威胁和损失。

（3）社会安全问题

人工智能给工业带来了翻天覆地的变化，传统的劳动密集型行业，逐渐被各种智能技术取代，这样会导致许多手工劳动的人群纷纷失业，尤其是一些教育程度比较低的人群，社会竞争力下降，造成社会的不安定因素。人工智能发展快速，但人工智能方面的法律法规没有健全，可能会引起法律追责的困难，例如自动驾驶的交通事故、智能机器人的误诊、工业机器人失控造成人员伤亡等，这些事故的责任应该由谁负责，这些都是在人工智能发展阶段应该解决的问题。

（4）国家安全

人工智能是国家的战略性技术，许多国家已经将人工智能列入国家重点发展的名单。美国确定将人工智能作为国际核心战略后，俄罗斯、法国、英国、日本等国家纷纷效仿，努力实现从开发到应用的跨越式发展，开发人工智能武器。这些国家将人工智能武器作为保持军事领先或者军事弯道超车的重要途径，这种不良竞争给国家安全和世界和平带来了巨大的威胁。

人工智能的安全问题，伴随着其广泛的应用，不断突显出来，人工智能在为人类提高生活质量的同时，也在不断损害着人类的利益。减少人工智能的安全隐患，不仅需要从技术层面解决人工智能潜在的安全问题，更需要法律法规、道德和政策等层面的约束，引导人工智能造福于人类。

## 4.4.2　人工智能助力 5G 安全

由于 5G 多样化的业务需求以及更复杂的通信场景，5G 需要足够的智能化才能保证网络的质量。因此国际标准制定组织 3GPP 拟将 AI（人工智能）引入 5G 网络中来保证网络服务质量、优化网络功能和增强网络自动化运维能力。引入 AI 的 5G 网络能够具备更强的场景感知能力，并基于对场景的感知进行响应，提供网络执行策略或通信场景特征预测。5G 将万物做到互联，网络规模和流量空前庞大，AI 能够防御复杂网络环境中的病毒和入侵检测，助力 5G 安全。

人工智能在 5G 安全中的应用主要包括两方面：一是 AI 应用于 5G 网络，实现 5G 网络的智能化运维以及规划网络，减少 5G 网络中出现故障的风险；另一方面是 AI 用于 5G 网络中进行安全防御，为 5G 网络安全保驾护航。

（1）人工智能助力 5G 网络安全运行

人工智能优化网络切片资源，较少网络故障。网络切片是 5G 网络中的重要技术。逻辑上讲，网络切片是一组网络功能的集合，但是在物理上多个切片共享网络资源。为了保障安全和高效的运营，需要在保证服务等级协议（Service Level Agreement，SLA）的同时，更好地优化利用底层网络资源。人工智能技术帮助运营商优化网络资源管理，通过对网络切片实际运行情况、切片中的业务量数据以及 SLA 的执行情况的采集，利用机器学习算法创建网络切片的业务量和资源使用状况的模型，利用该模型，可以实现对网络切片的业务量和资源需求的准确预测，从而优化网络切片间的资源分配策略，保证网络的安全高效运行。

人工智能准确发现网络故障，保障网络安全运营。5G 网络中网络规模和复杂程度空前庞大，运行和维护成本增加。引入人工智能，可以通过对历史数据的深度挖掘，建立网络健康度模型，对网络的运行态势进行评估和预测。通过对监视与告警信息的关联性分析，可以精准地定位到故障位置，实现网络故障的快速定位。

人工智能应用于 5G 异构网络接入控制，保障业务连续性。AI 技术可以采集用户的行动轨迹和接入历史记录，分析用户的业务需求和网络环境，建立人工智能模型，对用户的接入进行预设值，自动选择最优的接入网络，实现不同网络、不同小区之间的平滑过渡，进一步提升用户体验。

（2）人工智能助力 5G 网络安全防御

人工智能应用于 5G 网络安全防护。5G 网络中流量爆发式增长，网络环境更加复杂。一方面大规模、复杂网络环境中入侵检测、病毒防御更加困难；另一方面，随着车联网、工业物联网等万物互联模式的发展，网络攻击行为造成的危害也将更加严重。传统的网络安全防护，对这种大流量、复杂业务的场景无法准确防御，这些都加剧了 5G 网络安全的紧迫性。采集网络中大量的异常流量，通过人工智能技术建立模型，可以识别网络中行为模式的变化并检测异常情况，应对未知攻击。这些工具将使防御方更具前瞻性，同时更有效地对抗新型的网络攻击方式，而不仅是简单监视已知的攻击方式。同时，利用 AI 技术还可以自动识别并修补系统漏洞，强化网络安全性和可靠性。

（3）人工智能助力 5G 网络中的反电信欺诈与网络黑产

近年来，随着移动互联网和数字经济的快速发展，互联网用户数量不断扩大、移动终端设备逐渐普及、媒介工具和渠道也更加多元化，给互联网营销和线上流量经济带来越来越多的红利。

但与此同时，我国庞大、丰富的互联网业务也受到了灰黑产界的密切关注，网络黑产与互联网营销欺诈不断衍生出新的形式和手段，形成互联网灰黑产业链。根据中国互联网协会《中国网民权益保护调查报告 2019》显示，6.49 亿网民因垃圾信息、诈骗信息和个人信息泄露等遭受的总体损失约 805 亿元，互联网灰黑产的规模庞大，对国民经济造成严重损失。

目前，我国存在的电信欺诈以及网络黑产主要有以下几个类型。

（1）诈骗电话

通过电话设置骗局，对受害人实施远程非接触式诈骗，诱使受害人进行打款或转账的犯罪行为，典型的诈骗电话行为包括冒充公检法、国家机关工作人员、银行工作人员等各类机构工作人员；伪造和冒充招工、婚恋、贷款、中奖、手机定位等。

（2）骚扰电话

包括但不限于以下影响用户正常工作和生活的语音电话：危害国家安全、破坏民族团结、损害国家荣誉和利益；破坏国家宗教政策，宣扬邪教和封建迷信，散布淫秽、色情、赌博、暴力、诈骗、恐怖或者教唆犯罪；房产促销、旅游餐饮、金融理财广告等。

（3）垃圾短信

包括未经用户同意向用户发送的用户不愿意收到的短信息，或用户不能根据自己的意愿拒绝接收的短信息；未经用户同意向用户发送的商业广告等短信息；其他违反行业自律性规范的短信息。

（4）互联网营销欺诈

在企业进行新用户获客及老用户唤醒时所采取的如红包、优惠券等运营成本，被黑产利用不正当技术手段获利，导致营销活动失败的场景；黑产操纵大量账号仿冒新用户参与营销活动（见图 4-11），获取优惠券奖励（俗称"薅羊毛"）；通过收取费用代人下单，从而获取利益（黄牛党）。

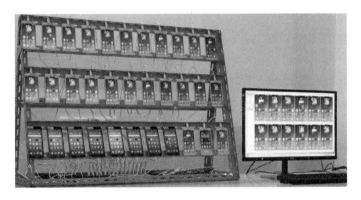

●图 4-11　不法分子利用技术手段操控大量手机以及账号实施网络黑产活动

在 5G 时代，电信欺诈和网络黑产问题仍然存在，且有上升趋势。电信欺诈和网络黑产已成为严重损害人民利益的刑事犯罪，仅 2020 年，全国通信欺诈案件涉及财产损失达 353.7 亿元。受新冠疫情等多重因素影响，2020 年以来通信欺诈风险呈现明显上升态势，据中国信息通信研究院统计，2020 年 1～10 月信息通信行业累计处置涉诈网络资源 15.3 亿件次，其中诈骗呼叫 2.3 亿次，短信 13 亿条，互联网账号 103 万个，域名 2.5 万个，受理电信网络诈骗用户举报 15.2 万件次。

我国目前电信欺诈主要有以下特点。

特点 1：欺诈手段仍以电话联络为主，但逐渐向互联网诈骗转变且呈现智能化、产业化、同质化；诈骗犯罪和赌博犯罪持续高发，多为冒充公检法人员诈骗、交友诈骗等，占 20

年网络犯罪总数的 64.4%；网络犯罪多以团伙或集团形式作案，参加过犯罪团伙的犯罪分子占比 83%。

特点 2：欺诈对象从广撒网式诈骗逐步转变为面向老年人与年轻人。老年人因对各种技术不熟悉，年轻人因经济能力有限、防范意识弱，更易成为受害对象；另外，诈骗呈现精准化特点，2020 年监察机关依法起诉侵犯公民个人信息犯罪案件中，有 25%的网络诈骗是在获取公民个人信息后"精准出手"。

特点 3：涉未成年人通信欺诈案件呈多发趋势，通信欺诈犯罪人员的主体趋势是低年龄、低学历、低收入；据中国信息通信研究院统计，2020 年未成年诈骗犯罪嫌疑人同比增长 35.1%，在校学生同比增长 80%，高中及以下学历占 90%，无业人员占 67%。

我国网络黑产主要有以下特点。

特点 1：分工明确。黑产细化协作，形成庞大完整的产业链（见图 4-12）。据统计，国内黑产成员超过 50 万人，黑产团伙之间已经形成了相互分工、紧密合作的产业生态；黑产从业者善于伪装，有全职或兼职，兼职人群中有各行各业人员，辨认难度大；互联网黑产已形成超过 15 个工种、160 余万从业人员，其"产业规模"不低于 1152 亿元人民币。

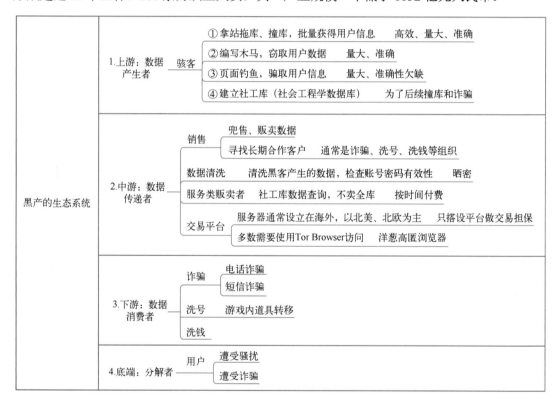

●图 4-12　黑产产业链

特点 2：手段多样、迭代迅速。黑产技术能力高超，技术更新迭代非常迅速（见图 4-13），善于利用大数据分析、深度学习、人工智能等最新的前沿技术实现产业链升级；黑产具有各种各样的、针对特定应用场景设计的工具，如伪基站、猫池、卡池、设备农场、打码平台等。

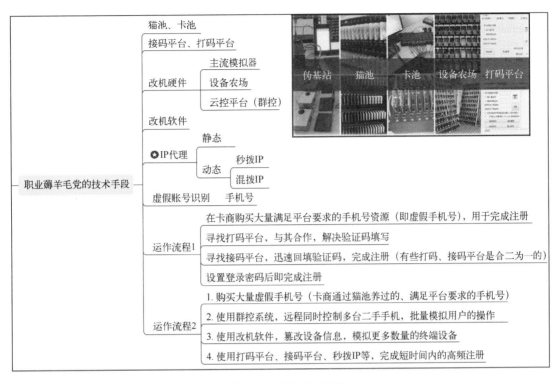

●图 4-13　黑产技术手段

特点 3：规模庞大。黑产的攻击规模不断扩大，涉及的互联网企业和用户越来越多，已对国民经济造成严重损失。

由于电信欺诈和网络黑产在网络通信行为上具有明显特点，有别于正常用户。而 5G 网络运营商具有丰富的网络资源和数据资源，充分结合 AI 技术优势，可以有效发现和打击欺诈和黑产行为。

利用 AI 技术打击电信欺诈和网络黑产主要包括两个步骤：静态分析和 AI 动态优化。

静态分析是分析欺诈和黑产行为特点，形成基础静态识别策略。

首先根据不同的欺诈或黑产类型，分析其行为特点，形成固定的欺诈剧本；第二将行为剧本翻译成与通信和网络数据相关的行为特征；最后对通信和网络数据进行处理，对欺诈和黑产识别可利用的数据字段指标进行提炼和筛选，使用大数据手段进行数据处理，形成数据分析阈值，最终形成欺诈和黑产识别模型。这个过程主要依赖于对欺诈和黑产行为的主观判断，模型阈值设置较为粗糙，难以实现实时的调优。但此过程也是必不可少的，可以初步识别欺诈和黑产行为，输出结果数据，为后续的 AI 分析过程提供重要的初始种子数据。

AI 动态优化是利用人工智能技术，对前期形成的结果数据进行学习，进一步精确阈值指标，并且形成动态优化的智能识别模型。

首先确定种子数据，种子数据主要有几个来源：第一类来源是由公安等权威机构确认的欺诈号码和黑产 IP，此类数据较为权威，作为种子数据的学习效果最好；第二类来源是由用户举报确认的号码或 IP，虽然用户举报具有主观性和随机性，本质属于众标众享的方法（也可称为投票机制），但如果对用户举报数据进行一定规则的筛选，例如根据用户举报的次数、频率、地区分布以及举报用户的关系网分析等，可以优化用户举报数据的准确性；第三类来源是由步骤一分析形成的结果，由于步骤一识别主要通过多个规则阈值综合判断，会存在"灰色"数据，即在阈值临界点的数据，此类数据会对整体结果数据的准确性带来不良影响，所以利用步骤一的结果数据，首先要将其进行精准化筛选，选择分析结果权重和分值较高的数据，或与举报等第三方来源数据进行综合比对，从而确定种子数据。

其次是根据场景确定算法。由于人工智能领域的算法繁多，根据欺诈场景的特点，选用相对适合的算法。人工智能算法的选择方法有很多，本书主要提出两类选择方案：一类是根据算法和欺诈场景本身特点，确定算法，使用本方法需要对人工智能算法有较为深入的理解，对算法工程师的要求较高；第二类是确定算法的总体方向，例如使用分类算法、聚类算法或自然学习等，然后将主流的几个经典算法带入场景进行测试，根据测试结果的效果，进一步确认或优化算法，此类方案基于实际实验效果，准确性较高、筛选难度较小，但是由于确定算法本身就需要多次的计算，对计算资源会产生额外消耗，也会拉长整体的分析时间。

最后是利用算法对种子数据进行学习，进一步优化规则阈值。同时整体形成闭环循环，即选取种子数据→使用人工智能算法优化规则阈值→将规则带入生产环境→产生新的结果数据→综合判断形成新的种子数据进行二次学习，总体上形成实时、智能的电信欺诈和网络黑产识别能力。

下面根据骚扰电话的识别，用具体案例介绍使用人工智能治理 5G 环境下黑产的主要过程和方法。

**1. 剧本分析**

首先通过对骚扰电话行为的调查摸底，了解其主要欺诈剧本，发现骚扰电话的号码主要有以下几个主要特征：号码的地理位置相对固定，由于拨打骚扰电话主要借助如猫池、拨号平台等非常规通信设备，其拨打电话的地理位置相对于常规的移动电话更为固定；二是使用的设备不是常规的手机等移动通信终端；三是拨打骚扰电话的号码具有群体行为，通常有互相拨打电话、互相发短信、同一时间区间集体拨打某号段电话；四是通话的主叫占比明显多于被叫占比；五是几乎没有除通话以外的通信行为，如上网、发短信等。

**2. 将剧本翻译成通信数据可识别的语言**

5G 网络环境下，电信运营商通常拥有通话、短信和流量的三域数据，通过将三域数据进行预处理，和骚扰电话的行为特征结合，形成初步的判断依据。

根据前期分析的剧本，固定的通话地理位置，对应通信数据中的 LAC 和 Cell ID 值，这两个值与通话时所在的基站相关，如果地理位置固定，说明某一号码的通话记录中，LAC 和 Cell ID 变化的次数较少；异常的通信设备通常对应非常规的移动设备识别码（International Mobile Equipment Identity，IMEI），即通常所说的手机序列号、手机"串号"，用于在移动电话网络中识别每一部独立的手机等移动通信设备，相当于移动电话的身份证，如位数不同、编码形式不同等；群体通信行为在通信数据中表现为不同号码的数据统计指标高度相似；主叫比例高，即同一号码在一定时间内的主叫呼出次数（或主叫计费话单个数）远大于被叫次数（或被叫计费话单个数）；没有通话以外的通信行为，即除了通话数据，此号码几乎没有流量和短信的数据记录。骚扰电话的数据行为特征如图 4-14 所示。

●图 4-14　骚扰电话数据行为特征示例

**3．确定分析指标和指标阈值**

在确定了数据行为规律后，需要进一步确定行为指标和阈值。根据上面分析，了解到骚扰电话的可能性和以下数据特征关系较大，包括：LAC 数量、IMEI 是否异常、主叫占比、被叫占比、短信数量、流量数量、是否有群体通信行为。

首先确定上述指标的阈值，此步骤可以使用聚类算法，将全部数据（包括正常数据和疑似骚扰电话数据）进行聚类分析，发现其异常点。如经过对某电信运营商 1 个月的通话数据分析，发现有少部分用户的平均主叫比例大于 90%，故初步设定主叫占比的异常阈值是90%。然后通过分类算法，计算每项指标的影响因子（或影响权重），例如主叫占比高的用户有 40%的可能是骚扰电话，那么主叫占比的权重可初步设定为 40%。

**4．通过人工智能，学习种子数据，优化算法**

将公安通报的骚扰电话、用户举报的疑似骚扰电话以及前期分析形成的疑似骚扰电话库相结合，形成初步的种子数据。利用分类算法、RNN 算法等，进行多层学习，进一步精确化优化阈值和指标权重，最终确定识别模型，并将识别模型应用至生产环境，再对产生的结果重复学习，形成闭环。

# 4.5　隐私计算

信息技术、移动通信技术等的紧密结合与快速发展，以及智能终端软硬件的不断升级与换代，促进了互联网、移动互联网、云计算、大数据、物联网等方面的技术发展，同时催生了以 Amazon、淘宝为代表的电商，以 Facebook、微信为代表的社交，以 Uber、滴滴为代表的出行等各种新型服务模式，大幅度提升了人们的生活品质。而 5G 网络，随着大规模终端设备和垂直行业用户的加入，5G 网络中的数据也有着诸多数据安全和隐私保护需求。

然而，新技术、新服务模式的产生与快速发展促使海量用户个人信息跨系统、跨生态圈甚至跨境交互成为常态，用户个人信息在采集、存储、处理、发布（含交换）、销毁等全生命周期各个环节中不可避免地会在不同信息系统中留存，导致信息的所有权、管理权与使用权分离，严重威胁了用户的知情权、删除权/被遗忘权、延伸授权。另一方面，缺少有效的监测技术支撑，导致隐私侵犯溯源取证困难。

现有隐私保护方案大都聚焦于相对孤立的应用场景和技术点，针对给定的应用场景中存在的具体问题提出解决方案。基于访问控制技术的隐私保护方案适用于单一信息系统，但元数据存储、发布等环节的隐私保护问题并未解决。基于密码学的隐私保护方案也同样仅适用于单一信息系统，虽然借助可信第三方实施密钥管理可以实现多信息系统之间的隐私信息交换，但交换后的隐私信息的删除权/被遗忘权、延伸授权并未解决。基于泛化、混淆、匿名等技术的隐私保护方案因对数据进行了模糊处理，经过处理后的数据不能被还原，适用于单次去隐私化、隐私保护力度逐级加大的多次去隐私化等应用场景，但因这类隐私保护方案降低了数据可用性，导致在实际信息系统中，经常采用保护能力较弱的这类隐私保护方案，或者同时保存原始数据。目前缺乏能够将隐私信息与保护需求一体化的描述方法及计算模型，并缺乏能实现跨系统隐私信息交换、多业务需求隐私信息共享、动态去隐私化等复杂应用场景下的按需隐私保护计算架构。

总之，现有隐私保护技术无法满足复杂信息系统的隐私保护需求，导致电子商务、社交网络等典型应用场景下的隐私保护问题尚未得到根本性解决。为此，本文从隐私信息全生命周期保护的角度出发，针对复杂应用场景下的体系化隐私保护需求，提出了隐私计算理论及关键技术体系，包括隐私计算框架、隐私计算形式化定义、隐私计算应遵循的四个原则、算法设计准则、隐私保护效果评估、隐私计算语言等内容，以图像、位置隐私保护等应用场景为示例描述了隐私计算的普适性应用，并展望了隐私计算的未来研究方向和待解决问题。

隐私计算最早于 2016 年提出，是面向隐私数据全生命周期保护的计算理论和方法，是隐私信息的所有权、管理权和使用权分离时隐私度量、隐私泄露代价、隐私保护与隐私分析复杂性的可计算模型与公理化系统。隐私计算涵盖了数据搜集者、发布者和使用者在数据产生、感知、发布、传播、存储、处理、使用、销毁等全生命周期过程的所有计算操作，并包含支持海量用户、高并发、高效能隐私保护的系统设计理论与架构。隐私计算的参考框架如图 4-15 所示。

简单来说，隐私计算是从数据的产生、收集、保存、分析、利用、销毁等环节中对隐私进行保护的方法，可解决隐私数据在处理过程中面临的安全、效率、数据孤岛等矛盾，帮助保护数据隐私安全、防止敏感信息泄露，提高数据使用效率，实现数据自由流动。

## 4.5.1　隐私计算概念及重点技术

隐私计算技术可在保护数据本身不对外泄露的前提下实现数据分析计算，是目前实现数据安全和数据合规分享的技术路径。当前实现隐私计算的技术主要可分为可信硬件和密码学两大方向。

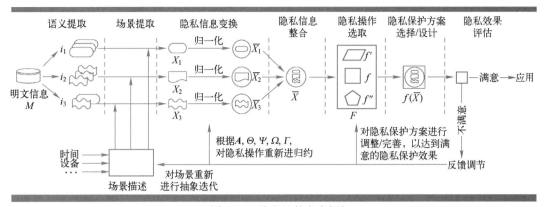

●图 4-15　隐私计算参考框架

注：F—隐私保护操作合集；A—隐私属性向量；Γ— 广义定位信息集合；
Ω— 审计控制信息集合；Θ— 约束条件集合；Ψ— 传播控制操作集；
$\overline{X}$— 归一化隐私信息；f— 隐私计算操作；$f(\overline{X})$— 执行操作后的归一化隐私信息

### 1. 可信硬件

可信硬件指可信执行环境，核心思想是构建一个安全的硬件区域，各方数据统一汇聚到该区域内进行计算。比较有代表性的是 Intel-SGX、ARM-Trust Zone、Ucloud-安全屋等。特点是速度快、语言更友好、算法更通用；缺点是受限制较多，数据需要先集中后处理。

### 2. 密码学

密码学指用算法实现对计算过程中的数据保护，以多方安全计算、联邦学习等为代表。

（1）多方安全计算

多方安全计算是指在无可信第三方的情况下，安全地进行多方协同的计算。在一个分布式网络中，多个参与实体各自持有秘密输入，各方希望共同完成对某函数的计算，要求每个参与实体除计算结果外，均不能得到其他参与实体的任何输入信息。多方安全计算包含的基础技术有很多，比如同态加密、秘密分享、不经意传输、混淆电路等。

多方安全计算更多地是解决初级的算子，比如加、减、乘、求交等运算。在一次多方安全计算任务中，数据方按照预先设定的输入方式，通过安全信道将数据发送给计算方;计算方接收数据方发送的数据，按照安全多方计算协议进行协同计算，并将结果发送给结果方。在安全多方计算协议中结果方可以有一个或多个，计算方为一个或多个。一个安全多方计算参与者可以同时担任多个角色。例如，一个参与者可以同时承担数据方、计算方和结果方三类角色。

多方安全计算主要由以下几个重要技术组成。

支撑技术层：支撑技术层提供构建 MPC 的基础技术实现，包含常用的加密解密、Hash 函数、密钥交换、同态加密（Homomorphic Encryption，HE）、伪随机函数等，还包含 MPC 中的基础工具，如秘密分享（Secret Sharing，SS）、不经意传输协议（Oblivious Transfer，OT）、不经意伪随机函数（Oblivious Pseudorandom Function，OPRF）等。

具体 MPC 算法是利用支撑技术组合构造的 MPC 协议。构造的 MPC 协议又分为两大类，专用算法和通用框架。

专用算法是指为解决特定问题所构造出的特殊 MPC 协议，由于是针对性构造并进行优化，专用算法的效率会比基于混淆电路（Garbled Circuit，GC）的通用框架高很多，包含四则运算、比较运算、矩阵运算、隐私集合求交集、隐私数据查询、差分隐私等。

通用框架是指可以满足大部分计算逻辑的通用 MPC 协议，主要基于混淆电路实现，可将计算逻辑编译成电路，然后混淆执行，支持大部分计算逻辑，但对于复杂计算逻辑，混淆电路的效率会有不同程度的降低。

专用算法和通用框架是解决隐私计算问题的两种不同思路，专用算法为特定隐私计算逻辑设计，效率更高，但只能支持单一计算逻辑；通用框架可以支持大部分隐私计算逻辑，由于支持更多的计算逻辑，与专用算法相比效率会有很大的差距（约 10～100 倍）。

秘密分享（Secret Sharing，SS）是指数据拆散成多个无意义的数，并将这些数分发到多个参与方那里。每个参与方拿到的都是原始数据的一部分，一个或少数几个参与方无法还原出原始数据，只有把各自的数据凑在一起时才能还原出真实数据。秘密分享的一种经典方案，是 1979 年 Shamir 提出的阈值秘密分享方案，该方案支持 $n$ 个参与方中的任意 $t$ 个可以联合解开秘密数据。

比较有代表性的企业和平台是华控清交（PrivPy）、蚂蚁金服（Morse）、富数科技（Avatar）、百度（点石）等。

（2）联邦学习

基于多方数据进行联合建模，各自原始数据不对外输出，由中心方进行协调的建模，都可称为联邦学习。在企业各自数据不出本地的前提下，通过加密机制下的参数交换和优化，建立虚拟的共有模型。这个共有模型的性能与传统方式将各方数据聚合到一起使用机器学习方法训练出来的模型性能基本一致。联邦学习可有效解决数据孤岛问题，让参与方在不泄露用户隐私数据的基础上实现联合建模，实现 AI 协作。

联邦学习通常可以理解为是由两个或以上参与方共同参与，在保证数据方各自原始数据不出其定义的安全控制范围的前提下，协作构建并使用机器学习模型的技术架构。联邦学习本质上来说是以数据收集最小化为原则，在保持训练数据去中心化分布的基础上，实现参与方数据隐私保护的特殊分布式机器学习架构，且基于联邦学习协同构建的机器学习模型与中心化训练获得的机器学习模型相比，性能几乎是无损的。但因其应用场景的不同，也使得联邦学习具有一些区别于传统分布式学习的特性。根据训练数据在不同数据方之间的特征空间和样本空间的分布情况，将联邦学习分为横向联邦学习（Horizontal Federated Learning,HFL）、纵向联邦学习（Vertical Federated Learning，VFL）和联邦迁移学习（Federated Transfer Learning, FTL）。

水平/横向联邦学习是基于用户的联邦学习，在数据集的特征空间重合较多但用户重合较少的情况下，取双方用户特征完全相同而用户不完全相同的数据集进行训练，并在保证参与者数据隐私的前提下训练出公开的通用模型和参数。例如，不同地区银行的用户群体不同，但是业务非常相似，因此特征空间存在较大重合。横向联邦学习的过程如图 4-16 所示。

垂直/纵向联邦学习是基于特征的联邦学习，适用于两个数据集用户重合较大但特征空间重合较少的情况，这时候需要取双方用户相同而用户特征不完全相同的数据集进行训练，在加密机制的保护下训练出损失函数和梯度并进行聚合。例如，同一地区的银行和电子商务公司，它们的用户群体大多数是该地区的居民，但银行重点记录用户收入和支出、电商重点记录用户网购记录，特征空间存在较大区别。纵向联邦学习的过程如图 4-17 所示。

●图 4-16　横向联邦学习的过程

●图 4-17　纵向联邦学习的过程

联邦迁移学习针对的是数据集的用户和特征均重叠较少的情况，这时可以采用迁移学习技术提供联合整个样本和特征空间的解决方案。例如，位于中国和美国的电子商务公司，一方面由于地理位置的不同，两个机构的用户群体交叉很少；另一方面由于业务范围的不同，特征空间只有小部分的重叠。联邦迁移学习如图 4-18 所示。

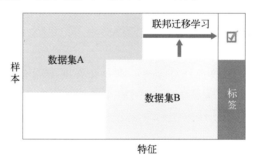

●图 4-18　联邦迁移学习

联邦学习更多地是解决联合建模的业务问题，比如精准营销中常用的 XGBOOST 分类等建模。比较有代表性的企业和平台是微众银行（Fate）、蚂蚁金服（Morse）、富数科技（Avatar）、平安科技（蜂巢）、数牍科技等。

（3）零知识证明

零知识证明（Zero—Knowledge Proof）是由 S.Goldwasser、S.Micali 及 C.Rackoff 在 20 世纪 80 年代初提出的。它指的是证明者能够在不向验证者提供任何有用信息的情况下，使验证者相信某个论断是正确的。零知识证明实质上是一种涉及两方或更多方的协议，即两方或更多方完成一项任务所需采取的一系列步骤。证明者向验证者证明并使其相信自己知道或拥有某一消息，但证明过程不能向验证者泄露任何关于被证明消息的信息。大量事实证明，零知识证明在密码学中非常有用。如果能够将零知识证明用于验证，将可以有效解决许多问题。

到目前为止，具有应用前景的零知识证明工具可以分为两类：一类证明慢、验证快、证明体积小；另一类证明快、验证快、证明体积大。

第一类由于其验证快，不占用空间的特点，很快得到区块链开发者的青睐，同时随着ZCash 的迅速传播，其使用的 zk-SNARKs 协议也越来越受关注。

第二类证明快的特点使得其在移动设备，嵌入式设备的部署成为可能，而隔离见证等技术有望缓解其证明体积较大的问题，在区块链领域也是前途无量。

（4）其他技术

除上述技术外，还有差分隐私、K 匿名算法、L 多样性等隐私相关的技术，这些技术不是相互替代关系，而是可相互结合，产生更强大的力量。

用户隐私安全是社会生产力发展到一定阶段的必然产物，理想状况下，隐私计算的应用场景存在于几乎所有需要多方使用数据的地方，特别是企业内部数据安全交换共享、同行业模型提升、跨行业数据联合等数据源融合的各类场景之中。

## 4.5.2　隐私计算应用场景

从市场规模看，隐私计算在数据共享、流通、传输等方面均有涉及，市场上暂未有精确的计算方法进行其规模的预测。但从侧面分析，隐私计算与人数据相辅相成，具有广阔的市场前景。根据 Statista 报告显示，2020 年全球大数据市场收入规模将达到 560 亿美元，是 2016 年的两倍，未来大数据市场将呈现稳步发展的态势，预期增速将达到 14%左右。而在2018-2020 年的收入预测期，Statista 预测每年保持约 70 亿美元的增长，年均复合长率约为15.33%。

而从隐私计算的主要应用数字身份分析，隐私计算市场规模仍不可小觑。据情报和市场研究平台 Mar ketsandmarkets 报告显示，2019 年全球数字身份解决方案市场规模达到 137亿美元，到 2024 年，该市场预计将增长至 305 亿美元，2019～2024 年预测期内的年复合增长率（CAGR）为 17.3%。

按照应用范围，隐私计算总体可分为两大类：通用型隐私计算和专用型隐私计算。通用型隐私计算是指对隐私输入数据进行的任意计算类型的协同计算。专用型隐私计算一般是针对具体场景进行高效化定制，通常与不同基础技术进行结合。例如，①隐私计算+区块链：隐私交易、密钥管理、数字身份最小化认证。②隐私计算+数据库：安全检索、隐私集合求交。③隐私计算+人工智能：隐私机器学习（也称为隐私 AI，包括针对不同算法模型的联合建模、模型预测等场景）。

用户隐私安全是社会生产力发展到一定阶段的必然产物，当前很难回答隐私计算的具体市场规模，但理想状况下，隐私计算的应用场景存在于几乎所有需要多方使用数据的地方，特别是企业内部数据安全交换共享、同行业模型提升、跨行业数据联合等数据源融合的各类场景之中。以下对每类场景进行简单列举。

（1）企业内部数据安全交换共享

场景设想一：考虑数据安全因素，企业内部的许多测试模型大多会使用虚拟的测试数据。使用隐私计算技术既能让测试系统使用企业的真实数据进行测试，又可以保护企业业务数据不外泄，对企业测试模型的构建、挖掘科研价值具有促进作用。

场景设想二：大数据公司的许多数据分析业务可能涉及用户隐私数据，考虑到用户授权因素，以前很多业务都需要通过安全评估后方可向大数据公司共享数据。使用隐私计算既能满足法律规定的用户授权要求，也能保障数据的有序利用，可促进企业业务开展与数据价值的利用。

（2）同行业模型提升

场景设想：电信行业共建反欺诈模型，可以联合其他电信运营商共建反欺诈模型。利用联邦学习机制，充分利用多家的反欺诈样本，在不泄露样本的条件下，综合多方数据，最终都得到一个更加稳健、准确率更高的模型。

（3）跨行业数据联合

场景设想：根据业务需要，联合多种数据建立模型，开展跨行业的用户套餐、商品、服务的推荐、营销等。比如，某地电信企业 A 拥有当地用户的通信数据，同地区电商企业 B 拥有用户的消费习惯数据，同地区出行企业 C 拥有用户的出行数据。用户是原始数据的拥有者，根据法规要求在没有用户同意的情况下，公司间不能交换数据。但联邦学习可以保证数据在不出企业本地的情况下联合建模，将这些不同特征在加密的状态下加以聚合，以增强机器学习和模型的能力，做出更优的判断和推荐。目前，逻辑回归模型、树形结构模型和神经网络模型等众多机器学习模型已经逐渐被证实能够建立在这个联邦体系上。

在实际行业应用上，隐私计算主要有以下实际应用案例。

（1）金融场景

隐私保护计算为金融机构间，甚至跨行业的数据合作、共享提供可能。隐私集合求交（Private Set Intersection，PSI）技术可以解决数据对齐时造成客户名单泄露的问题，联邦学习可以保证各方数据在不出本地的情况下实现联合建模、预测等。一般情况下，单一机构自有数据量小，建模样本数不足，可以联合多家机构的数据进行联合建模。当一家银行获得和新型欺诈行为相关的数据时，可以及时更新反欺诈模型，使其他银行也能够快速具备预测和识别新型欺诈行为的能力，提高整个银行业的反欺诈水平。

银行金融业务：银行作为传统金融机构的代表，在科技赋能的进化中，必然涉及与外部数据的联合建模。银行也是隐私计算最可能率先完全落地的领域。首先，银行找到存量用户需补全画像标签，才能服务于流失召回、交叉营销场景，这非常依赖于银行外部的数据。而隐私计算中的匿踪查询可以保证银行在查询外部数据的时候，避免用户信息被缓存。并且，小微企业贷等对个人或者企业进行信贷评估的场景，也需要依赖外部数据源做联合建模评估。

保险营销与定价：保险公司从线下发展到线上获客，对精准获取潜客需求极大，这里的精准度直接影响触达的成本。另外，"定价失灵"是当前财产险行业经营面临的一个突出问题，主要表现为保费不足和未决赔款准备金不利发展。之所以会有"定价失灵"的现象，既有数据、模型和精算技术等方面的"前定价管理"原因，也有风险识别、核保、承保、销售、理赔、费用管控和准备金评估等方面的"后定价管理"原因。隐私计算可以为保险联合定价提供多维度的数据支撑。

基金管理：在母基金的管理中，需要计算每个基金的真实收益情况。而基金的持仓信息是一个非常重要的私密信息，它代表了基金的价值判断和策略导向，也是基金公司的核心机密。这里的矛盾在于，一方面母基金管理需要信息共享，另一方面是基金本身却需要保护这些商业信息，传统方法必然导致一方的诉求无法得到满足。使用多方安全计算，不仅能够同时满足双方的利益诉求，甚至可以让基金信息得到有效的政府监管、防止出现市场结构性风险，同时保证商业信息不被泄露。

广告平台联合营销：媒体平台对广告主进行营销投放的过程中，需要用甲方的用户数据样本进行联合建模，传统的标签画像筛选更多地是凭领域经验，通过机器学习建模可以提高营销的投资回报率（Return on Investment，ROI）。联邦学习可以满足在广告主的数据不出库的前提下，得到营销投放模型。

供应链金融：对供应链上下游企业而言，如何构建一个信息对称共享、核心企业信用价值可传递、商票可拆分流程是一个挑战。厂商可以基于区块链和密码学算法，提供金融资产数字化验证的方案，使企业能够将企业应收账款进行数字化资产登记，形成不可篡改的数据记录，并实现实时信息共享。

同时通过参与方分布式账本，参与方可以得到资产确认，将企业信用转化成数字资产。此外，审计入口也能方便监管机构审计和查看平台的资产交易情况。最重要的是，传统区块链只能保证数据的不可修改性，通过多方安全计算和零知识证明等加密技术，可帮助区块链实现智能合约的公开审计确认能力与实际数据保密性的分离，让企业不再担心核心商业信息的泄露。

（2）政务场景

政务大数据机构是隐私计算的重要客户之一，具体包括司法数据、社保数据、公积金数据、税务数据、水电燃气数据、交通数据、违章数据等。

通过隐私保护计算和其他技术的结合，可以有效保护各部门的数据，在一定程度上解决政务"数据孤岛"问题，提高政府治理能力。例如通过视频、位置、交通等多部门数据对治安防控、突发事件进行研判，合理调配资源，提高应急处理能力和安全防范能力。此外，还可以联合多部门的数据对道路交通状况进行预判，实现车辆路线最优规划，减缓交通拥堵。以疑犯信息查询为例，假设公安机关有一份疑犯名单，需要到其他部门查询疑犯的相关信息，但是"疑犯"这个身份信息对个人而言比较敏感。利用隐私查询技术，在查询疑犯相关信息的同时，公安机关不需要跟其他部门共享疑犯名单，保护疑犯隐私。

(3) 医疗场景

想要使用人工智能对某一疾病进行早期发现或临床诊断，一方面需要收集不同维度的数据，包括临床数据、基因数据、化验数据等，另一方面也需要收集来自不同群体、不同地区的样本数据，单个医疗机构无法积累足够的数据来进行模型训练。通过隐私保护计算，可以对不同的数据源进行横向和纵向的联合建模，保证各方医疗数据安全。另外，对于 DNA 测试，用户可以通过 PSI 等技术将某段 DNA 序列和数据库进行匹配，实现遗传疾病诊断。举例来说，为了应对新冠肺炎疫情带来的医疗挑战，医疗机构需要在全球范围内共享新冠肺炎疫情数据，如通过人工智能识别肺部 X 光图像来诊断新冠肺炎。各医疗机构先在本地建立模型，再通过安全多方计算（Secure Multi-party Computation，SMPC）等技术联合其他医疗机构更新模型参数，在保护各方数据隐私安全的前提下，提高图像模型诊断能力。

### 4.5.3 联邦学习在 5G 云边协同中的应用

随着 5G、云计算、边缘计算和人工智能等新技术的发展，云侧和边缘侧的算法、模型和应用等都需要进行协同计算。随着 5G 网络切片和 MEC （Multi-access Edge Computing，多接入边缘计算）关键技术的逐渐推广，5G 云边协同技术也受到了越来越多的关注。面对 5G 各个场景中普遍存在的数据孤岛和数据安全问题，联邦学习技术应运而生，以解决这些突出问题，充分发掘数据的潜在价值。

5G 的高带宽、低时延、低功耗等特点能够有效提升云边协同的效率，突破云端和边缘端通信的速度限制，解决传统云计算具有的实时性差、不利于保护用户隐私和数据安全等突出问题。同时，随着移动网络的快速发展和服务场景越来越多样化，5G 的网络切片和 MEC 技术能够满足不同场景下差异化和定制化的业务需求，推动垂直行业快速发展。

基于 5G 的以上两点优势，移动计算技术逐渐从集中式云计算转向移动边缘计算，MEC 将移动计算推向网络边缘，可以更快进行数据处理和分析，缩短时间延迟，缓解网络中心的压力，并且用户数据存储在网络边缘，有利于保护用户隐私和数据安全。MEC 是云计算的延伸，二者相依而生、协同运作。在云边协同场景中，云端负责全局数据的挖掘分析和算法训练，边缘端负责本地范围内的数据计算和存储。

传统集中式模型训练是终端设备产生或者收集数据后汇聚到边缘服务器，然后再汇聚到云数据中心，使用云数据中心强大的算力资源训练 AI 模型。基于保护用户数据的需要，云数据中心的中心云服务器与各边缘云服务器之间可以使用联邦学习技术进行模型更新，即各边缘云服务器训练好本地模型后，上传本地更新到中心云服务器进行全局模型更新。这是一种主从式的分布式训练网络结构，如图 4-19 所示。

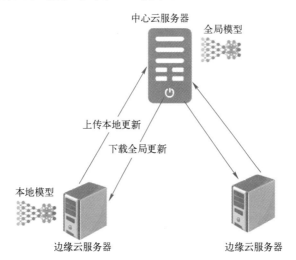

●图 4-19 联邦学习的分布式结构

边缘云服务器与各终端设备之间也可以使用联邦学习技术进行模型更新，可细分为非主从式结构和主从式结构。非主从式结构主要通过点对点交互本地模型来更新参数,并进行各个参与方的模型更新;主从式结构可以实现边缘服务器与终端设备间的模型交互。随着专用 AI 芯片组的出现,AI 模型训练正从边缘服务器转移到各终端设备,然后利用终端设备内部的计算资源训练机器学习本地模型。

在 5G 云边协同场景下,云计算中心和边缘计算节点间主要有三种协同计算方式。

1)训练-预测云边协同:云计算中心根据边缘设备上传的数据训练、升级 AI 模型,边缘设备负责收集和清洗数据并基于最新模型进行实时推理。该协同方式比较成熟,已在视频检测等领域开展应用。

2)云导向的云边协同:云计算中心除了训练 AI 模型外,还负责一部分模型推理工作,即 AI 模型被分割,云计算中心负责模型前端的计算,将中间结果输出给边缘设备,边缘设备继续开展预测工作,得出推理结果。该协同方式比较复杂,目前还处于研究探索阶段。

3)边缘导向的云边协同:云计算中心只负责开展初始的模型训练,经过初始训练的模型会下载到边缘设备,边缘设备既要进行模型训练也要进行模型推理。该协同场景也处于研究探索阶段。

联邦学习也属于云边协同计算场景的一种形式,需要云计算中心和边缘设备不断交换加密的模型中间数据,有些联邦学习场景中也需要边缘设备之间直接交互加密数据。

在 5G 时代,云边协同在多种行业都有应用需求,可以帮助解决智慧交通发展中人、车、路之间信息的互联互通问题,可以帮助工业互联网完成数字化升级和智能化转型,可以帮助传统能源技术和边缘计算等新技术进行深度融合,可以推动传统农业向智慧农业转型和升级。

在医疗场景中,患者的个人信息与就医过程中产生的医疗数据是需要高度保密的,且可能分布于多家医疗机构,而这些用户数据恰恰是智能问诊等 AI 模型的基础数据。在金融场景中,用户存款和交易等数据也是需要高度保密的,且可能分布于多家金融机构,这些用户数据也是训练金融 AI 模型的基础数据。在医疗和金融等对用户隐私和数据安全要求十分严格的云边协同场景中,有必要在云边协同场景中引入联邦学习技术,从而在严格保护用户隐私的前提下训练出合适的模型。

# 4.6 零信任技术

## 4.6.1 零信任概念及架构

零信任(Zero Trust,ZT),是 2010 年由 Forrester 首席分析师约翰·金德瓦格(John Kindervag)提出的一种区别于传统安全方案的安全架构理念。零信任安全模型是对传统安全模型假设的彻底颠覆,在零信任模型中所有的流量都不可信,不能以位置作为安全的依据,而需要为所有访问采取安全措施,采用最小授权策略和严格访问控制,所有流量都需要进行可视化和分析检查。

　　零信任架构作为一种不断发展成熟的安全架构理念，受到各国网络安全企业和政府军队的高度关注。Gartner 在 2018 年就将 ZT 列为 Top 10 的安全技术。2019 年，美国国家标准与技术研究院（National Institute of Standards and Technology，NIST）发布零信任网络架构（Zero Trust Network Architecture，ZTNA）标准草案，认为零信任架构是一种端到端的网络安全体系，包含身份、凭据、访问管理、操作、终端、托管环境与关联基础设施。零信任架构的首要目标就是基于身份进行细粒度的访问控制，以便应对越来越严峻的越权横向移动风险。2019 年，工业和信息化部在《关于促进网络安全产业发展的指导意见（征求意见稿）》的意见中，将零信任等网络安全新理念首次列入需要"着力突破的网络安全关键技术"。零信任产业标准工作组发布的《零信任实战白皮书》中给出的通用零信任理念如表 4-1 所示。

表 4-1　零信任与传统边界安全理念的比较

| | 传统边界安全理念 | 零信任理念 |
| --- | --- | --- |
| 优点 | 1. 简单可靠<br>2. 规则清晰<br>3. 阻断更彻底<br>4. 业务侵入低 | 1. 安全可靠性更高<br>2. 攻击难度大<br>3. 持续校验，从不信任 |
| 缺点 | 1. 无法防护内部攻击<br>2. 边界容易绕过<br>3. 防护深度不够<br>4. 新技术、新应用适应性不强 | 1. 单点风险<br>2. 权限集中风险<br>3. 复杂化风险<br>4. 投入风险 |

## 4.6.2　零信任助力 5G 安全

　　随着云计算、物联网、移动办公等新应用的兴起，企业业务系统边界愈加模糊，基于边界防护的传统安全理念已无法适应当今企业面临的安全挑战。5G 的 mMTC 应用场景中每平方千米有百万级的海量连接设备，对设备接入认证提供了挑战。ZT 提供身份认证技术，验证网络接入设备身份是否真实有效，并且可以持续监控用户的访问行为，实时根据用户行为调整策略。一旦发现攻击行为，就终止该用户的访问权限从而避免进一步的损失，为网络设备安全提供保障，其安全信任链构建过程如图 4-20 所示。

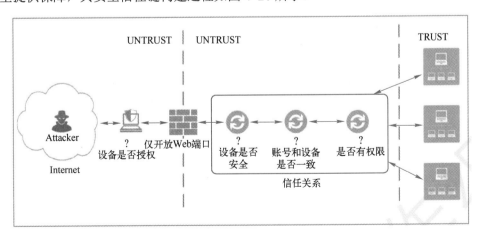

●图 4-20　零信任架构安全信任链构建过程

5G 网络切片共享物理网络资源向上提供逻辑功能的组合，未授权的非法用户可以通过接入一个切片非法访问其他切片的资源，从而造成切片间信息泄露。零信任架构可以提供以身份为中心的访问授权，对资源的访问权限最小化，对流量进行分段处理，减少边界被突破后的安全风险，助力 5G 网络按照客户的不同需求灵活划分网络切片，提供差异化的网络服务能力。

MEC 技术通过在靠近用户的网络边缘部署移动边缘计算中心，降低了业务响应时延，提升终端用户的体验。零信任架构遵循"从不信任并始终验证"的安全原则，将身份作为访问控制的基础，实时计算访问控制策略。零信任安全模型建立访问主体（用户）、运行环境（计算环境）、访问客体（业务应用及数据资源）之间的安全可信关系，通过持续鉴权来建立可信链条，确保业务访问的动态安全，如图 4-21 所示。

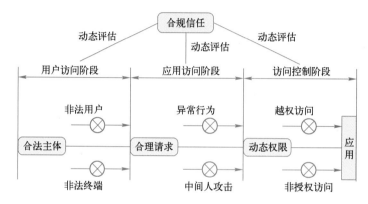

●图 4-21 零信任安全模型的解决思路

# 第 5 章  5G 关键技术安全

5G 作为关键信息基础设施和数字化转型的关键力量，其在开启万物互联新局面的同时，也面临着更高的安全风险挑战。5G 关键技术网络切片、MEC 在满足垂直业务场景的多样化需求过程中，与传统网络相比变得更加复杂、灵活、开放，并伴随着新的安全风险及挑战。本章分析了 5G 关键技术面临的安全挑战及关键技术给 5G 带来的安全需求，并结合技术特点给出相应的应对策略，帮助读者理解 5G 作为关键基础设施的重要性以及面临的严峻挑战。

## 5.1  5G 网络切片安全

5G 网络的关键技术之一网络切片，3GPP（第三代伙伴计划）对其进行了定义，简而言之，切片就是一个能够提供特定网络能力和特性的逻辑网络。网络切片实例是一个部署的网络切片，包括一些部署的网络功能实例及所需的资源（如计算、存储及网络等）。切片的价值主要体现在两个方面：一方面在于能够按需提供服务，按需部署，如可以为不同垂直行业提供相互隔离、功能可定制的网络服务，实现客户化定制的网络切片的设计、部署和运维，各域可以在功能场景、设计方案上独立进行裁剪；另一方面在于切片能够保障网络性能，如租户会与运营商签订服务合同，其中规定了租户使用的业务所对应的 SLA；SLA 通常包括安全性/私密性、可见性/可管理性、可靠性/可用性，以及具体的业务特征（业务类型、空口需求、定制化网络功能等）和相应的性能指标（时延、吞吐率、丢包率、掉话率等）。

在切片标准研究进展方面，从 2015 年开始，3GPP 启动了 5G 相关的标准研究和制定工作，并计划在 R14～R16 3 个大版本中完成相关标准的制定，网络切片作为 5G 的重要技术，得到了 3GPP 的高度重视。SA1 的场景研究、SA2 的框架制定和 SA3 的网络管理均对网络切片制定了专门的课题。SA1 在 TS22.261 中把网络切片作为 5G 的基础能力进行了需求分析，认为网络切片可以为运营商提供定制化的网络，可以通过网络切片这种方式满足用户在优先级、计费、策略控制、安全、移动性等功能方面的差异化需求，以及在时延、可靠性、速率等性能方面的差异化的需求。5G 切片还可以服务于公共安全和 MVNO（移动虚拟网络运营）等群组用户，使网络变得更为灵活。此外 SA1 工作组还要求后续制定的 5G 系统标准必须满足上述切片的要求。SA2 工作组在 TR23.799 下一代网络架构研究中提出了三大备选网络切片场景。在 Rel-14 阶段，网络切片的安全研究主要集中在切片隔离、网络切片安全机制差异化、接入安全等方面。在 Rel-15 阶段，关于下一代系统的安全架构和流程的研究，对用户接入数据网络中的切片认证流程给出了标准化的方案。在 Rel-16 阶段，网络切片安全主要对前阶段遗留的开放性问题进行了研究，包括接入特定网络切片的认证、密钥隔离、NSaaS 安全功能以及安全隐私方面。国内是 CCSA TC5 WG5 组织开展 5G 安全研究，其中切片安全是 2019 年 4 月开展研究，8 月完成 5G 移动通信网安全技术要求标准制定工作，该标准对切片安全管理要求进行了规定。

总之，面对复杂场景需求，网络切片已成为 5G 网络的核心技术，允许网络管理员根据应用场景的需求，将一个物理网络定制裁剪成为多个端到端的逻辑独立、按需配置的虚拟网络，优化路由，提升用户体验度。随着 SDN/NFV 的兴起，各切片能够通过其逻辑集中控制平面，对全网资源进行细粒度的配置和管控，增强了网络的可用性，提高了资源的利用率。随着 5G 标准体系的不断完善，灵活高效的网络切片方案将有利于未来网络的可持续发展。

## 5.1.1 网络切片自身安全风险

4G 改变生活，5G 改变社会，5G 业务呈现出多场景、差异化的特点，如果为每种业务服务建立一个专用网络，成本是无法想象的。网络切片技术可以让运营商在一个硬件基础设施中切分出多个虚拟的端到端网络，每个网络切片在转发面、控制面、管理面上实现逻辑隔离，适配各种类型服务并满足用户的不同需求。对每一个网络切片而言，网络带宽、服务质量、安全性等专属资源都可以得到充分保证。

切片解决了 5G 网络中差异化的用户需求，提高了网络中数据传输的安全性，降低了网络传输成本，同时用户可以实现"私人订制，按需提供"。切片成为 5G 网络安全技术发展的一大关键技术热点，但同时由于切片的引入，也带来了一些相应的安全风险。主要包括终端接入切片的风险、切片资源隔离风险、切片内网元之间的非授权访问风险、切片接口能力开放风险以及切片管理的风险等。

（1）终端接入切片风险

终端在未经授权的情况下接入切片，如果对服务的接入缺乏授权机制，则可能导致引入不同类型的攻击。如果接入过程没有受到保护，窃听链路者可能获得一些敏感的服务权限，甚至劫持数据报文，进行篡改。此外，在终端进行切片选择时，数据有可能被篡改或伪造，这会导致切片选择的错误，使终端不能从正确的切片获得服务或者使未订阅服务的终端被接入切片。

（2）切片资源隔离风险

网络切片间如果没有隔离，攻击者可以从一个切片发起向另一个切片的攻击，具有弹性容量特性的切片可能会消耗其他切片的资源，导致其他切片资源的不足，不能正常提供网络服务；另外，攻击者还可以在非法接入一个切片后，窃取其他切片内的信息，特别是当单个 UE 同时接入多个网络切片时，造成切片间数据泄露和篡改，因此终端的隔离性问题就显得特别重要。

（3）切片内网元之间的非授权访问风险

切片内网元之间如果没有合适的授权机制，网元之间随意访问，就容易造成切片内数据的泄露，特别是敏感数据的安全，因此切片内网元间的访问建立合法的授权机制是保护信息安全的有力途径。

（4）切片接口能力开放风险

运营商要管理好切片安全能力开放的权限，对用户使用 TLS 实现双向认证。认证后采用基于 OAuth（一种开放授权协议）的授权机制对发送的服务请求进行授权，并通过 TLS 方式提供接口之间的完整性保护、抗重放保护和机密性保护。

（5）切片管理的风险

切片管理的安全主要是管理权限的掌控，管理能力必须要掌握在被授权者手上，如果攻击者非法获取了对切片的管理权限，可能会终止一个切片的正常运行或损害一个关键的网络功能。

相对于切片的安全风险，消减的措施从整体来看主要包括对终端的授权访问，对接入切片的终端进行鉴权或二次认证，做好切片间资源的隔离，防止资源的跨界跨域流动，切片内 NF 间进行认证与授权机制，NF 之间通信前，按需先进行认证，保证对方是可信 NF，对能力开放风险可采用基于 OAuth 的授权机制对发送的服务请求进行授权，并通过 TLS 方式提供接口之间的完整性保护、抗重放保护和机密性保护。具体来说，切片安全是端到端的安全防护，涉及多个网元，针对风险点采取的安全措施如下。

（1）无线侧安全

无线侧切片风险消减主要依据切片安全等级要求，采取差异化的安全策略。针对高隔离需求的切片，采取完全硬隔离，提供独立的 BBU/AAU（Building Base Band Unite，室内基带处理单元/Active Antenna Unit, 有源天线单元）进行专网建设。实现完全硬件隔离，安全性最高；一般隔离需求的切片，采取部分硬隔离，基站部分硬件资源共享，在不同小区中进行切片的逻辑切分，通常适用于多频组网；对低隔离需求切片，采取完全软隔离，基站硬件资源共享，在同一小区中进行切片的逻辑切分，无线资源采用切片化保障方案。回传方面，不同切片可以采用不同的 VLAN 进行隔离。切片在同小区进行切片的逻辑切分时，无线空口侧资源使用基于时、频、空域的资源调度方式隔离，互不影响，空口频谱资源从时、频、空域维度划分不同的资源块（PRB），不同切片的数据（DRB）承载映射到不同的 PRB，各切片所需的 PRB 按频域或按照总资源百分比进行切分调度。

（2）承载侧安全

不同的切片业务要求不同的切片隔离度。对于安全性和隔离性要求高的切片业务，一般要求提供硬隔离的切片，即业务对切片资源是独占且具备物理隔离的特性；对于只有时延和抖动性能要求的切片业务，一般要求提供软隔离的切片，即业务对切片资源可以共享。基于分组的承载网络切片在物理层可以基于物理端口、FlexE 端口以及 ITU-T G.mtn（简称 MTN）技术提供切片，切分的颗粒度更细，能够更好地消减承载网侧切片的安全风险。如 FlexE 通过将一个物理端口划分为多个逻辑端口实现切片，还可以支持任意子速率分片和隔离，且 FlexE Tunnel 技术大幅降低转发时延。

（3）核心网侧安全

核心网切片安全主要做好各个网元间的安全隔离，分权分域，划分安全域，为每个安全域边界配置防火墙、IPS 等安全资源，域内配置防火墙，增加相互认证机制，网元间访问配置白名单，切片间的通信可建立 IPSec 安全传输。对于高安全需求的切片配置独立的资源。

## 5.1.2 网络切片安全管理

5G 网络由于可接入的终端类型较多，接入模式多样，如 3GPP 和非 3GPP、可信与非可信等均可接入 5G 网络，为了能够保障业务的连续与安全可靠，切片技术的引入显得非常必要。5G 网络可以通过切片实现不同安全等级的网络，实现按需组网，安全分级，根据业务场景和业务需求实现切片的安全隔离，采用不同的安全机制实现不同的安全等级，以及终端的接入认证、鉴权和切片间的通信安全。

网络切片是 5G 的重要技术。为了实现隔离，运营商为每个切片分配一个 ID，支持不同业务端到端的安全保护，部署灵活的安全架构，提供多层次的切片安全保障，当垂直行业用户有特定的安全需求时，可向运营商定制不同等级安全保护的网络切片，包括网络性能、功能和隔离等方面。切片的按需部署、灵活定制、多种隔离方式助力 5G 网络更加安全，从而推动 5G 网络赋能千行百业，加快行业数字化转型的步伐。

5G 网络端到端切片是指将网络资源灵活分配，网络能力按需组合，基于一个 5G 网络虚拟出多个具备不同特性的逻辑子网。每个端到端切片均由无线网切片、承载网切片、核心网切片组合而成（见图 5-1），并通过端到端切片管理系统进行统一管理。各个切片侧重点有所不同，无线网切片主要关注无线资源的隔离与调度；承载网切片是通过对网络的拓扑资源（如链路、节点、端口等）进行虚拟化，按需组织形成多个虚拟网络，基于不同的技术，有硬切片和软切片之分，硬切片与软切片灵活组合，可单独使用，也可二者兼顾，如基于 MPLS（多协议标签交换）、SR（业务路由）、VxLAN 的隧道技术、FlexE、OTN、WDM 技术等，硬切片方式保证业务的隔离安全、低时延等需求，软切片方式支持业务的带宽复用。核心网的主要功能是对终端可接入的切片标识进行分配与更新，完成切片接入流程与安全校验。核心网切片根据 SLA、成本、安全隔离等需求，有 GROUP A，B，C（3GPP TR23.799 标准）等多种共享类型进行灵活的组网。其中 GROUP A 是用户面和控制面网元都不共享，其安全隔离度高、对成本不敏感，适用于远程医疗、工业自动化等场景；GROUP B 是部分控制面网元共享，用户面和其他控制面网元不共享（控制面功能部分共享）。部分控制面功能（如移动性管理、鉴权功能）在切片间共享，其余的控制面功能（如会话管理）与用户面功能则是各切片专用的，其隔离要求相对低，终端可同时接入多个切片，适用辅助驾驶、车载娱乐等场景；GROUP C 是控制面网元共享，用户面网元不共享，隔离要求低，对成本敏感，适用手机视频、智能抄表等场景。

5G 切片管理系统包括 CSMF（通信服务管理功能）、NSMF（网络切片管理功能）、NSSMF（网络切片子网管理功能）等功能实体，通过 CSMF、NSMF、NSSMF 与 MANO（管理与编排）和 EMS 的交互实现端到端的切片编排与管理，包括切片设计、切片生命周期管理、切片配置与激活及 SLA 的监控与保障。

租户或企业可以通过 CSMF 向运营商订购切片，并提交相关的 SLA 需求（比如在线用户数、平均用户速率、时延需求等），CSMF 则将用户的通信服务需求转换为对 NSMF 的网络切片需求，并转发给 NSMF。CSMF 管理对象为通信服务，每个通信服务由 1 个或者多个网络切片功能完成。由于 CSMF 主要实现切片购买等功能，部署在 BSS 域，实现计费管理。

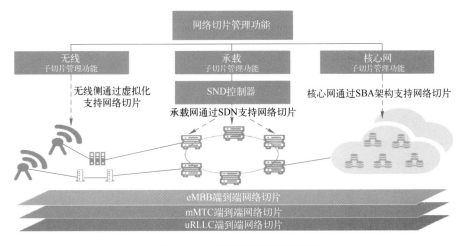

●图 5-1　切片端到端架构及管理

NSMF 为网络切片管理功能，负责切片的编排、部署和维护，在电信级操作支撑（Operational Support System，OSS）系统中对接 CSMF 和 NSSMF，接收从 CSMF 下发的网络切片部署请求，将网络切片的端到端 SLA 需求分解为网络子切片的 SLA 需求，向 NSSMF 下发网络子切片部署请求。NSMF 管理对象为网络切片，每个网络切片可以由 0 个或者 1 个或者多个网络切片子网组成。

NSSMF 为网络切片子网管理功能，负责子切片的编排、部署和维护，在 OSS 系统中对接 NSMF，接收从 NSMF 下发的网络切片子网部署需求，将网络切片子网的 SLA 需求映射为网络服务的 QoS 需求。

通过端到端的网络部署与管理，切片能够为 5G 网络面向垂直行业的能力开放保驾护航，基于切片特性赋能 5G 网络，很多专家学者进行了大量的研究，有的基于性能感知，主要思想是在网络切片实例部署时，采用先虚拟节点映射再虚拟链路映射的两阶段部署方式；有的基于隔离等级，主要思想是从性能隔离和安全隔离两方面确定网络切片实例的隔离等级；有的基于安全信任的网络切片部署方法，主要思想是通过提出安全信任值概念来有效量化分析 VNF 和网络资源的安全性。切片研究日新月异，以上仅是列举了目前研究的几个热点，不管采取何种方法，目的都是为了最大化地将切片的能力注入 5G 网络中，进一步将科研成果转化，更好地落地到 5G 网络中。

在网络切片的应用方面，切片在电网中的应用是一个典型的场景，因为电网环境复杂，业务多样性以及对网络的要求也不尽相同，如电力生产大区（Ⅰ/Ⅱ区）业务（如配电自动化和毫秒级精准负荷控制）和管理信息大区业务（Ⅲ/Ⅳ区）（用采类业务）需要严格的隔离需求，电网控制类业务需要毫秒级超低时延和超高可靠的极致网络。基于如上需求，针对智能电网类业务，利用 5G 网络切片技术提供按需部署、高隔离性、端到端 SLA 保障的电力切片，满足电力业务的需求。主要有以下三种 5G 网络切片使能电力智能化服务：一是电力控制切片，可实现毫秒级低时延，保证配电控制数据和命令的可靠传输；二是电力监测切片，可实现海量电表数据的采集和无人机等智能设备巡检数据的上传；三是电力通信切片，可满足电力行业专网的安全通话需求。

总之，5G 网络使运营商告别了提供专用的、基于硬连线的网络时代。取而代之的 5G 网络，将可以快速配置和运行运营商的智能网络。这样的网络，具有更丰富的功能、更灵活的容量，可满足不同客户需求。网络切片可以根据客户要求，提供全覆盖、无缝连接、更高安全性、更好的能源效率、更高的可靠性等，网络切片将让 5G 网络之花开放得更加艳丽，更好地服务行业，服务公众。

面对切片未来的发展，切片安全增强技术还在研究中，如何让切片更好地服务行业，有以下几点意见仅供参考：首先是积极推动 5G 网络切片安全标准的制定工作，包括切片的安全功能、性能、安全测评等，建立一套规范、有公信力和约束力的安全标准，推动 5G 网络切片安全的技术研发、设备研制、为垂直行业的应用提供参考；其次加强 5G 网络切片安全能力建设，加大资金建设投入，充分考虑 5G 网络安全需求，建设相关态势感知、威胁监测与处置、溯源等技术手段，提高网络安全防护水平；最后开展 5G 网络切片安全应用试点示范，逐步扩大应用范围，促进技术产业向成熟方向发展，推动 5G 网络切片安全产业持续向前发展。

## 5.2　5G MEC 安全

### 5.2.1　5G MEC 概述

**1．边缘计算架构**

欧洲电信标准化协会（European Telecommunication Standard Institute, ETSI）于 2014 年 9 月成立了 MEC（Mobile Edge Computing，移动边缘计算）工作组，针对 MEC 技术的服务场景、技术要求、框架以及参考架构等开展深入研究。2016 年，ETSI 把此概念扩展为多接入边缘计算（Multi-Access Edge Computing），将边缘计算能力从电信蜂窝网络进一步延伸至其他无线接入网络（如 Wi-Fi）。ETSI 给出的 MEC 参考架构如图 5-2 所示。

MEC 参考架构与 ETSI 的 NFV 架构很类似。由物理基础设施（Mobile Edge Host）和虚拟化基础设施（Virtualization Infrastructure）为 ME App 和 MEC 平台（Mobile Edge Platform，MEP）提供计算、存储和网络资源；由 MEC 平台实现 ME App 的发现、通知以及为 ME App 提供路由选择等管理；由虚拟化基础设施管理（Virtualization Infrastructure Management，VIM）提供对虚拟化基础设施的管理；由移动边缘计算平台管理（Mobile Edge Platform Manager，MEPM）提供对移动边缘计算平台的管理；由移动边缘编排器（Mobile Edge App Orchestrator，MEAO）提供对 ME App 的编排。ETSI 在 2017 年 2 月介绍了在 NFV 环境中如何部署 MEC 架构，使得 MEC 在移动网络中的落地变得更加容易。此部署场景中，ME App 和移动边缘计算平台 MEP 均为 VNF，部署在 NFV 基础设施上。

**2．5G 网络需要边缘计算**

随着 5G 时代的到来，传统的云计算技术已经无法满足"大连接、低时延、大带宽"的需求。将云计算的能力下沉到大量不同类型的边缘节点，充分利用边缘节点的计算能力，实现中心云和边缘云的统一管理和协同计算，是 5G 网络赋能垂直行业的重要技术手段。通过部署在边缘的 MEC，可以有效降低传输带宽，降低业务时延，提高业务数据安全。

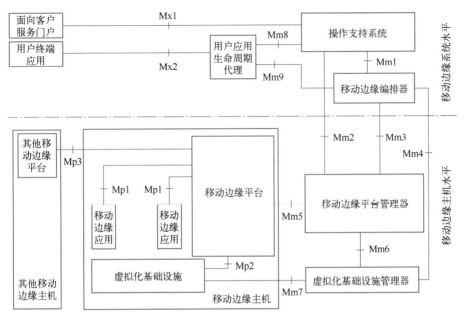

●图 5-2　ETSI MEC 参考架构

MEC 作为 5G 网络演进的关键技术，在更靠近客户的移动网络边缘侧为客户提供云计算能力和 IT 服务环境，具备超低时延、超大带宽、本地化、高实时性分析处理等特点。一方面，MEC 部署在网络边缘位置，反应更迅速、时延更低；另一方面，MEC 将内容与计算能力下沉，提供智能化的流量调度，将业务本地分流，内容本地缓存，使得部分区域性业务能够在本地终结，既提升了用户的业务体验，也减少了对骨干传输网以及上层核心网的资源占用。因此在 5G 时代，MEC 将是 5G 网络边缘云部署的最佳选择。

5G 网络需要边缘计算，主要表现在以下几个方面。

1）5G 网络高带宽场景对回传网络压力大：eMBB 场景提供大流量移动宽带业务，如高速下载、高清视频、VR/AR 等，峰值速率超过 10Gbit/s，带宽的要求高达几十 Gbit/s，数据从基站一级级汇聚到数据中心的过程中，骨干传输网络越来越拥挤，这将对无线回传网络造成巨大的压力。因此需要将业务尽可能下沉至网络边缘，以实现业务的本地分流。

2）5G 网络 uRLLC 场景对实时性要求高：uRLLC 场景提供超高可靠、超低时延通信。例如，在无人驾驶汽车场景下，汽车需要精确到毫秒级别的反应时间，一旦出现延迟则有可能造成涉及人身财产安全的严重后果；针对机械臂实现精准控制的场景可能需要低至 10ms 甚至 5ms 的时延要求。云端的算力无法满足这种超低时延业务需求，因此需要将业务下沉至网络边缘，以减少网络传输和多级业务转发带来的网络时延。

3）5G 业务数据安全和隐私要求高：在 5G 的业务中，某些垂直行业对于数据的安全性要求比较高。例如机场的数据涉及航空管制等机密信息、智能制造的数据涉及工业产品制造的敏感信息等，这些垂直行业希望能够在本地存储和处理数据。

**3. 边缘计算七大应用场景**

ETSI 定义了 MEC 的七大应用场景，如图 5-3 所示，主要分布在内容区域化、应用本地化和计算的边缘化三大部分。其中视频优化和视频流分析属于内容区域化；企业分流属于应用本地化；车联网、物联网、增强现实、辅助敏感计算属于计算边缘化。

| 视频优化 | 视频流分析 | 企业分流 | 车联网 | 物联网 | 增强现实 | 辅助敏感计算 |

●图 5-3　MEC 七大应用场景

1）视频优化：在边缘部署无线分析应用，辅助 TCP 拥塞控制和码率适配。

2）视频流分析：在边缘对视频分析处理，降低视频采集设备的成本，减少发给核心网的流量。

3）企业分流：将用户面流量分流到企业网络。

4）车联网：MEC 分析车及路侧传感器的数据，将危险事项等时延敏感信息发送给周边车辆。

5）物联网：MEC 应用聚合、分析设备产生的消息并及时产生决策。

6）增强现实：边缘应用快速处理用户位置和摄像头图像，给用户实时提供辅助信息。

7）辅助敏感计算：MEC 提供高性能计算，执行时延敏感的数据处理，将结果反馈给相应设备。

## 5.2.2　边缘计算自身安全风险

目前移动边缘计算相关标准逐步完善，业界已经开始大力探索 MEC 技术在各种行业应用中的价值，并希望通过 MEC 和 5G 技术的融合，进一步加深连接和计算的融合。终端为了降成本，算力向云端移动；公有云为了降时延，业务和算力向边缘移动，最终算力将在边缘汇聚，如图 5-4 所示。边缘计算力求在网络边缘就把能处理的事情处理完，不再把数据都上传到云端进行集中式的计算并回传结果，降低了数据传输时延、减少传输压力，大幅提升用户体验。边缘计算结合 5G 网络切片，使运营商能够将网络逐渐开放给第三方，构建更多 To B 业务，例如为企业在智能工厂、智慧港口、视频回传分流、智慧医院等场景构建虚拟专用网络。这些业务场景通常涉及多种应用，要求网络在边缘位置提供超低时延和强大的处理、计算和存储能力。数据无须回传至网络中心，而是在本地完成处理、存储和下发。

但是，MEC 被部署到更接近用户的区域，计算和决策下沉到网络边缘，运营商对其控制力减弱，除了继承虚拟化带来的安全风险外，边缘计算基于自身的特点可能带来新的安全问题。

边缘计算具有靠近用户、第三方应用托管、能力开放、承载业务复杂多样等特点，相比传统的通信网络，其网络的开放性和攻击面均增大，包括核心网网元 UPF 下沉到边缘，运营商的控制能力减弱，可能遭受物理接触攻击；边缘计算第三方应用可托管在运营商边缘计算平台，运营商网络能力可向边缘计算应用开放，这将引入来自第三方应用对边缘计算平台以及核心网的安全攻击等。所以，边缘计算自提出以来，安全就成为边缘计算规划、建设、业务上线等必须要考虑的关键问题之一。

●图 5-4　算力向边缘云汇聚

边缘计算节点具有一定的分布式特点，而分布式节点监管难度大、运营者对大量节点的管理控制能力减弱。虽然其网络规模相对核心云较小，但是边缘计算节点会承载垂直行业应用，一旦攻击者成功控制了边缘节点，整个边缘节点的应用均受到影响，可能影响多个行业。同时边缘云与核心云有连接，若攻击者利用边缘节点作为跳板向核心云进行攻击，也会造成严重影响。

总地来说，边缘计算会引入新的安全威胁风险，并且部分传统安全威胁在新场景和网络架构下更易被利用或影响范围更广，主要包括以下安全风险。

（1）基础设施安全风险

基础设施安全风险包括基础设施物理安全风险和基础设施虚拟化安全风险。

相比核心网，边缘计算节点可能部署在无人值守的机房或者客户机房，物理环境较差，可能有供电安全、防盗、物理入侵等，更容易暴露给外部攻击者从而遭受物理接触攻击，如攻击者近距离接触硬件基础设施、篡改设备配置等，带来物理设备毁坏、服务中断等安全风险。

MEC 承载在虚拟化基础设施之上，面临着与云虚拟化基础设施相似的安全风险。资源池云化共享存储资源，业务系统之间可能非法访问数据。一旦攻击者利用边缘节点上不安全的 Host OS 或虚拟化软件的漏洞发起攻击，或者通过权限升级或恶意软件入侵边缘数据中心，并获得系统的控制权限，则恶意用户可能会终止、篡改镜像以及边缘节点提供的业务或返回错误的计算结果。同时，MEC 大多采用基于容器的微服务架构，各容器共用宿主机内核资源，所以容器与宿主机之间、容器与容器之间隔离方面存在着一定的安全风险。

（2）网络安全风险

边缘计算架构下，接入设备数量庞大，类型众多，安全风险点增加，并且更容易对其实施分布式拒绝服务攻击。一方面是由于边缘计算节点分布式部署依赖远程运维，升级和补丁修复不及时，会导致攻击者利用漏洞进行攻击。同时远程的管理软件和平台相关功能之间的消息传输也有一定安全风险，比如传输的流量，上报的资源状态，业务信息可能被监听、窃取、篡改等，这是由于远程管理所引发的风险。另一方面，边缘计算节点可能会部署在客户园区，与园区网络和互联网的交互增加，大大增加了边缘计算节点的暴露面，导致被攻击的可能性加大。同时下沉到边缘的 UPF 可能被攻击者利用作为跳板攻击运营商的核心网络，从而造成严重后果。

（3）MEC 平台安全风险

MEC 平台是 MEC 节点本地的"大脑"，负责提供 MEC 系统的功能服务、服务注册、APP 权限控制、流量规则控制和 DNS 域名解析处理等能力，其主要面临权限管控以及不可用等安全风险。

MEC 平台将通过 API 的形式把网络平台的能力提供给第三方的应用使用。无论是在工业边缘计算、企业和 IoT 边缘计算场景下，还是在电信运营商边缘计算场景下，边缘平台既要向海量的现场设备提供接口和 API，又要与云中心进行交互，这种复杂的边缘计算环境、分布式的架构，引入了大量的接口和 API 管理，但目前的相关设计并没有全面考虑安全特性。

若权限控制不当，开放的 API 可能会被攻击者滥用、恶意使用或者进行非授权访问。如果 MEC 平台的权限设置存在漏洞，可能导致 APP 越权访问其他服务。若 API 未进行有效保护，导致 MEC 平台通过 API 接口被非授权访问，攻击者可能进行恶意配置，影响 MEC 平台以及其他 APP 的正常运行。

（4）应用安全风险

MEC 应用包括运营商自营应用以及第三方应用。第三方应用的安全能力参差不齐，其安全性不是运营商独立可控的。第三方应用的风险控制能力随着供应商透明度降低而逐层降低，任意环节都可能存在设置恶意功能、泄露数据、中断关键产品或服务提供等行为都将破坏相关业务的连续性，带来不可控的安全风险。例如，恶意应用可能造成对 MEC 平台的非授权访问、DDoS 攻击。而且由于不同应用之间的安全等级和防护能力并不相同，而不同应用共享资源，如果隔离不当，一旦某个第三方应用存在漏洞导致应用被攻破或者自身运行异常，就会出现占用资源过高等问题，这将影响 MEC 平台及其他应用的安全运行。

多个角色的引入无论从安全管理或者是从技术本身来讲，都会引入一定的管理风险和技术风险。如果对第三方应用安全的管控能力不足，可能存在应用镜像本身存在安全漏洞或者应用本身存在恶意代码等安全风险。

（5）编排管理安全风险

MEC 具有可编排、可协作的能力，新引入的 MEPM（边缘计算平台管理）以及 MEAO（边缘计算应用编排系统）成为攻击者的重要攻击对象，一旦控制 MEPM 或者 MEAO，可获得对所有 MEC 平台和 APP 进行非法的访问、编排的权限，因此，需要防止 MEPM、MEAO 等编排管理网元被攻击的安全风险以及避免编排不当带来的安全风险。

边缘节点数量众多、管控难，对大量现场设备安全的协调管理是边缘计算的另一个巨大挑战。一种可能是管理员账户被黑客入侵，另一种可能是管理员自身出于其他目的盗取或破坏系统与用户数据。如果攻击者拥有超级用户访问系统和物理硬件的权限，将有可能控制边缘节点整个软件栈，包括特权代码、容器引擎、操作系统内核和其他系统软件，从而能够重放、记录、修改和删除任何网络数据包或文件系统等。加上现场设备的存储资源有限，对恶意管理员的审计不足，都会带来一系列的安全风险。

（6）数据安全风险

边缘节点相对于传统的云中心，其计算资源受限，导致缺乏有效的数据加密、脱敏、备份、恢复措施，为攻击者获得、修改或删除用户在边缘节点上的数据带来可乘之机。同时边缘计算使得网络中传输处理的数据更加分散在网络边缘，对于这种分布式数据保护的难度较大。因为数据越分散，网络侧对数据的控制力就会有所减弱。而承载在边缘计算上的部分业务应用（如工业控制、医疗监控等）对于数据的安全性和可靠性提出了更高的要求，如果在工业边缘计算场景下发生数据安全问题，边缘节点上数据的丢失或损坏将直接影响批量的工业生产和决策过程。因此，边缘计算的数据安全是不容忽视的一点，需要重点考虑。

## 5.2.3　MEC 业务层安全风险

5G MEC 的主要特点是面向各行业赋能，下面针对 MEC 的 4 个主要行业场景的安全风险进行分析。

（1）MEC+智慧工厂业务场景安全风险分析

如图 5-5 所示，工业设备通过基站（gNodeB 或 eNodeB）连接边缘计算节点。工业设备中的数据通过基站传输到边缘计算节点的数据面网关（如 5G 数据面功能 UPF），由数据面网关转发给边缘计算节点上部署的应用进行处理。另外，工业设备上传的数据也可以通过边缘计算节点传输到外部企业应用进行处理。工业设备通过基站（gNodeB 或 eNodeB）连接边缘计算节点。工业设备中的数据通过基站传输到边缘计算节点的数据面网关（如 5G 数据面功能 UPF），由数据面网关转发给边缘计算节点上部署的应用进行处理。在上述过程中，边缘设备中多种应用之间存在客户敏感数据的非法访问安全风险。

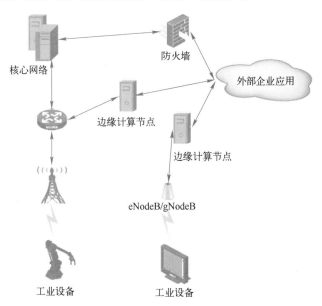

●图 5-5　智慧工厂场景图

（2）MEC+智能驾驶业务安全风险分析

如图 5-6 所示，智能车辆边缘设备层可实现共享智能车辆资源，行驶中或驻停状态中的智能车辆间互为分享者和受享者。该层中的智能车辆均已配备车载单元（OBU），OBU 具有计算、存储以及网络功能。同时，OBU 包含检测传感器（距离和光检测）、全球定位系统

（GPS）、视频和相机等电子设备/功能。连接层中的路侧单元（Road Side Unit，RSU）或蜂窝基站（Base Station，BS）连接到边缘计算节点以提供高计算性能和存储能力。边缘计算节点可以部署在同一地点的 BS 或 RSU。由于 RSU 比 BS 更靠近车辆，所以优先选择 RSU 为车辆提供边缘计算服务。在没有 RSU 覆盖的情况下，BS 可以为智能车辆提供边缘计算服务。核心云层由大量高性能专用服务器组成，具有出色的计算、存储能力以及稳定的连接。由于数据在传输时被拦截，这将导致信息泄露或数据在存储时被篡改、非法访问的安全风险。

●图 5-6　智能驾驶场景图

（3）MEC+智慧城市业务安全风险分析

智慧城市包括安防监控、基于位置信息的服务等具体的业务场景。智慧城市中需要实现对海量联网智能设备的数据处理。如图 5-7 所示，应用 MEC 后，可以将监控数据分流到边缘计算节点，从而有效降低了网络传输压力和业务端到端时延。此外，安防监控还可以和人工智能相结合，在边缘计算节点上搭载 AI 人工智能视频分析模块，面向智能安防、视频监控、人脸识别等业务场景，以低时延、高带宽、快速响应等特性弥补当前 AI 视频分析中时延大、用户体验差的缺陷，实现本地分析、快速处理、实时响应。云端执行 AI 的训练任务，边缘计算节点执行 AI 的推理，二者协同可实现本地决策、实时响应，可实现表情识别、行为检测、轨迹跟踪、热点管理、体态属性识别等多种本地 AI 典型应用。终端和应用之间的通信协议多数以连接、可靠为主，存在通信协议的安全性偏低的安全风险。

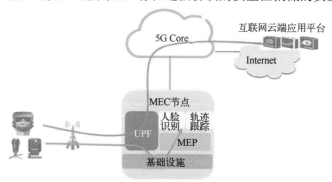

●图 5-7　智慧城市场景图

（4）MEC+超高清视频业务安全风险分析

超高清视频业务（如 AR、VR、4K/8K 视频）要求网络和平台具备大带宽、低时延、实时计算能力。随着 5G 以及边缘计算的发展，中心视频云平台可通过边缘计算，如图 5-8 所示，将视频能力下沉到运营商边缘计算节点的边缘计算平台，在时延、带宽、算力方面，为视频发展提供更好的支撑。通过下沉到边缘的 AR 边缘能力，可提供 3D 模型渲染、位置注册、目标识别、目标追踪等能力；VR 边缘能力可提供 VR 点播、VR 直播、VR 内容快速分发、FOV 带宽节省等能力；超清 4K/8K 边缘能力可提供 4K/8K 点播、4K/8K 直播、4K/8K 互动直播、内容快速分发等能力。在上述能力实现过程中存在攻击者可能修改或删除用户在边缘节点上的数据来销毁某些证据的安全风险。

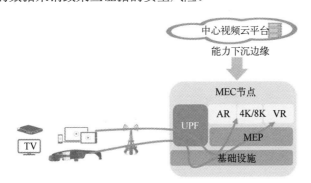

●图 5-8　超高清视频场景图

基于上述风险分析，提供以下 MEC 安全策略。

1）运营商将平台部署在客户可控的区域内以实现客户敏感数据访问可控。

2）通信系统中的标准接口支持相互认证，使用安全的传输协议保护通信内容的机密性和完整性。

3）计算节点进行有效的数据备份、恢复以及审计措施。

4）支持外部网络二次认证，与业务结合在一起。

5）解决目前发现的已知漏洞。

6）采用轻量化的安全机制，以适应功耗受限、时延受限的物联网设备的需要。

7）通过群组认证机制，解决海量物联网设备认证时所带来的信令风暴问题。

8）采用抗 DDoS 攻击机制，以此应对由于设备安全能力不足被攻击者利用，而对网络基础设施发起攻击的危险。

9）采用低时延的安全算法和协议，简化和优化原有安全上下文的交换、密钥管理等流程。

## 5.2.4　5G MEC 安全技术

为了应对 5G MEC 面临的安全挑战，同时满足相应的安全需求，从基础设施安全、网络安全、MEC 平台安全、应用安全、编排管理安全、数据安全六个维度出发，构建了如图 5-9 所示的边缘计算安全防护框架。

此安全框架将边缘计算的安全问题进行了分解和细化，直观地体现了边缘计算安全的实施重点,便于读者从中理解边缘计算安全的全貌。基于边缘计算安全防护框架,可以从以下几个方面确保边缘计算的安全。

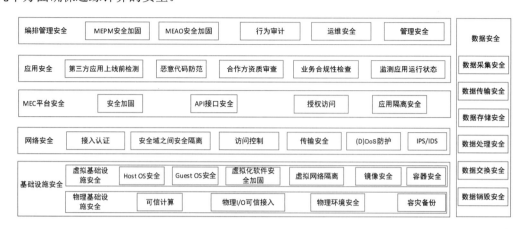

●图 5-9 边缘计算安全防护框架

### 1. 基础设施安全

边缘基础设施为整个边缘计算节点提供软硬件,边缘基础设施安全是边缘计算的基本保障。边缘基础设施安全涵盖从启动到运行整个过程中的设备安全、硬件安全、虚拟化安全和 OS 安全。需要保证边缘基础设施所在物理环境的安全,以及在启动、运行、操作等过程中的安全可信。

在基础设施物理安全方面,应当保障物理环境安全,加强边缘机房的防盗能力,保证电力、空调等基础设施的可用性;增加门禁、动环监测、视频监控等相应的监测手段。对边缘侧服务器的 I/O 口进行访问控制,硬件服务器的本地串口、本地调试口、USB 接口等本地维护端口调试完成后应默认禁用,防止恶意攻击者的接入和破坏。同时在安全需求高时进行冗余备份,必要时可通过可信计算保证物理服务器的可信。

在基础设施虚拟化安全方面,需要对 Host OS、虚拟化软件、Guest OS 进行安全加固;通过数字签名等技术保证镜像的安全;同时提供安全组、VM 隔离等虚拟化隔离机制实现更精细的控制和微分段隔离,进一步保护基础设施虚拟化的横向访问安全。

### 2. 网络安全

网络安全防护可从内部和外部两个角度实现,根据链路接入归属对网络不同区域进行明确划分,确定网络区域边界,做好安全子域的划分以及安全子域间的隔离和访问控制,以提高网络的抗攻击能力及攻击门槛,控制安全问题的影响范围。例如,如果有互联网访问需求,应根据需求设置隔离区(DMZ 区,为了解决安装防火墙后外部网络的访问用户不能访问内部网络服务器问题,而设立的一个非安全系统与安全系统之间的缓冲区)和可信区。可信区部署不能从互联网访问的设备,DMZ 区部署可以从互联网侧直接或间接访问的设备。可信区内部的各个子域之间、可信区与 DMZ 区之间、可信区与其他数据中心的可信区之间、DMZ 区与互联网以及 DMZ 区内部各个子域之间均应进行隔离。

从内部来看,需要加强对管理、业务、数据三面网络的安全隔离,保证安全风险不在业务、数据和管理面之间、安全域之间扩散;在不同区域通信网络之间制定严格规范的策略保障以实现访问控制。根据业务的安全需求，可以在运营商控制的主认证基础上增加由第三方控制的二次认证，避免非授权的用户接入 MEC 平台。

从外部来看，要重点关注建立安全传输的通道。边缘计算实体与其他实体（如远程维护服务器、其他边缘计算平台、5G 能力开放功能 NEF 等）进行通信时，应支持使用安全协议（如 SSHv2、TLS v1.2 及以上版本）建立安全通道，对传输的数据进行机密性和完整性保护。条件允许时，还应同时通过在边界处部署或者集中部署防火墙、IPS/IDS、WAF 等安全设备和安全系统构建防恶意代码的能力、防入侵的能力、防 DDoS 攻击的能力。

### 3. MEC 平台安全

MEC 平台安全包括接口安全、API 调用安全、MEC 平台自身的安全加固等方面，实现 MEC 平台与其他网元（如 UPF、第三方应用）间的通信数据的机密性、完整性保护以及防重放保护。

在 MEC 平台上线、升级时，对 MEC 平台进行安全漏洞扫描与安全基线评估，若发现安全漏洞及安全基线的问题及时整改。加强 API 接口的安全管控，对发往 API 网关的请求进行数据包的合法性校验；同时启用 API 白名单，对发往 API 网关的请求进行过滤；并对 API 调用操作进行监控和限制，例如对某个 APP 调用 API 接口的速度、次数、流量做限制，对 API 接口通道的总流量做限制，发现敏感操作时，将其截断进入授权环节。

### 4. 应用安全

由于边缘计算应用在不同的行业领域，为满足未来不同行业和领域的差异化需求，必须采用开放式的态度引入大量的第三方应用开发者，开发大量差异化应用，需要通过一系列措施保证引入第三方应用后的安全。

保障应用安全可以从技术手段和管理手段两方面展开。其中技术手段包括对 MEC 平台上部署的 APP 进行应用生命周期的安全管理，包括恶意代码防范、第三方应用上线前进行漏扫等安全检测、监测应用实时的运行状态等；完善第三方应用与 MEC 平台的安全认证与授权机制等。管理手段主要关注从边缘计算的平台供应商到应用 APP 开发商的整个生态所带来的风险。对集成第三方 APP 的合作方进行充分的审核和约束管理；根据部署模式明确运营者、MEC 平台、第三方应用运营者/提供者等各方的安全责任划分并协作落实，对各自部分的用户行为和安全事件进行审计。

### 5. 编排管理安全

MEC 引入了 MEPM 及 MEAO 网元，对分布在边缘的节点进行自动化的编排和部署，可以有效提高业务响应速度，降低用户的平均响应时间。

MEC 的管理安全包括传统网络的安全管理，如账号和口令的安全管理、日志的安全管理、操作行为审计等，保证只有授权的用户才能执行操作，还需要保证编排网元的安全与编排过程的安全。因为编排管理网元涉及对 MEC 网元整个生命周期的管理，若出现单点失效问题会带来严重后果。因此，需要对编排和管理网元进行安全加固，加强对编排管理网元的访问控制策略；对编排管理双方网元启动双向认证或者白名单接入方式，提升连接可靠性；加强镜像安全保护，对虚拟镜像以及容器镜像等进行数字签名，在加载前进行验证。对镜像仓库进行实时监控，防止被篡改和非授权访问；对编排过程中的消息采用 TLS 等安全协议进行传输，防止编排管理信息泄露，保障编排消息的安全。

**6. 数据安全**

数据安全包括数据采集、数据传输、数据存储、数据处理、数据交换、数据销毁整个生命周期的安全防护。对于边缘计算上承载的大量用户信息、垂直行业信息来说，除了沿用传统数据安全全生命周期管理的思路之外，还需要转变边缘数据安全治理理念，针对边缘计算系统的分布性、边缘节点的资源受限性、边缘数据的异构性等特点，提供轻量级的数据加密、数据安全存储、敏感数据处理和敏感数据监测等关键技术能力，保障数据全生命周期的安全。

为确保数据安全，可根据具体业务要求制定数据防护规范，保证数据在整个生命周期的各个阶段各个节点都得到有效保障。数据安全要求至少包括数据完整性安全要求，保证关键数据不被篡改；包含数据私密性要求，确保重要数据不泄露；根据 APP 性质，如涉及数据采集，应确保数据不被仿冒，进行采集设备标识识别和数据归属性标识；涉及隐私数据访问应做好终端访问鉴权和数据的加密。根据需要在边缘云资源环境中的数据存储应完成数据的加密和脱敏；为确保数据安全，针对数据访问记录可设置单独的日志存储和安全审计；针对敏感数据的网络传输，可根据业务特点和发展阶段，在给定时间阶段和网络范围内预设数据流量和流向，确保异常情况可及时预警和处置。

总地来说，边缘计算作为 5G 中赋能新业务一个非常重要的技术，带来了新的业务形态。同时由于边缘计算节点采用分布式的方式在靠近用户侧的位置部署，具有海量、异构和分布式等特点，需要在平衡安全和成本的基础上，最大限度地为边缘侧配备相应的安全保护措施。以边缘计算的分流能力、低时延能力赋能更多的行业应用，丰富 5G 应用的场景，助力 5G 网络安全。

# 5.3 关键信息基础设施保护

习近平总书记在"4.19 讲话"中明确指出："没有网络安全就没有国家安全"，要加快构建关键信息基础设施安全保障体系。金融、能源、电力、通信、交通等领域的关键信息基础设施是经济运行的神经中枢，是网络安全的重中之重，也是可能遭到重点攻击的目标。而基础电信网络、重要互联网基础设施等电信行业网络设施，本身既是关键信息基础设施，同时又为其他行业的关键信息基础设施提供网络通信和信息服务，一旦遭到网络攻击和破坏，将会带来严重的影响。2021 年 9 月 1 日实施的《关键信息基础设施保护条例》规定国家采取措施，优先保障能源、电信等关键信息基础设施安全运行。

## 5.3.1 关键信息基础设施安全面临严峻挑战

当今世界正经历百年未有之大变局，新一轮科技革命和产业变革突飞猛进，极大促进了经济社会发展。随着数字化转型的深入，传统封闭的 ICT 边界被打开，与云计算、大数据、AI、物联网、工业互联网等新技术相融合，电信与互联网服务渗透到国家社会的各个领域，重要领域的关键基础设施越来越依赖于网络与信息系统，信息基础设施融合到传统行业基设施中，成为不可分割的一部分，因此关键信息基础设施的安全保护越来越受到世界各国的重视。

全球网络安全局势面临严峻挑战，日益突出的安全威胁向国家重要领域传导渗透。近年来，国内外针对基础设施和重要信息系统的网络入侵事件频发，攻击手段不断升级，关键信息基础设施受到的网络威胁呈逐年上升趋势，对社会稳定和国家安全造成了巨大风险，关键信息基础设施安全运行面临着巨大挑战。

## 5.3.2　加强关键信息基础设施保护安全体系建设

公共通信网和互联网作为国家信息化、数字化建设的主要载体，是最为典型、最为重要的关键基础设施，基础运营商的通信网、信令网、业务系统等重要系统是国家基础信息服务的支撑，为社会生产和居民生活提供基础公共服务，承载着大量的国家基础数据、重要政务数据和个人信息，是网络空间安全的重要保障；同时又为金融、水利和交通等其他行业的关键信息基础设施稳定运行提供重要的网络通信、信息服务支撑和资源保障，具有基础性和全局性的特点，为关键信息基础设施保护的重中之重。

电信行业关键信息基础设施保护需要主管部门与运营者协同完成，工业与信息化部为电信行业主管部门，负责电信行业关键信息基础设施安全保护和监督管理工作；关键信息基础设施运营者对本单位关键信息基础设施安全负主体责任，履行网络安全保护义务。

**1．健全电信行业网络安全标准体系**

2017 年以来，我国关键信息基础设施安全保护标准体系开始布局，考虑我国关键信息基础设施保护现状，并参照发达国家关键信息基础设施保护经验，制定了安全框架、基本要求、控制措施、检查评估指南等一系列标准，与已有的国家、行业标准共同形成了支撑关键信息基础设施安全保障的标准体系。

基础电信网络、重要互联网基础设施的安全保护需要完善的电信行业网络安全标准体系进行合规管理，有针对性地制定电信行业关键信息基础设施安全保护规范，健全标准体系，为安全技术手段建设和安全检查、检测提供标准支撑。

**2．构建关键信息基础设施安全保障体系**

围绕关键信息基础设施的识别认定、安全防护、检测评估、监测预警、事件处置网络安全保护五个环节，加强关键信息基础设施技术手段和管理体系建设，常态化开展关键信息基础设施全生命周期安全管理，构建关键信息基础设施安全保障体系。

电信行业关键信息基础设施运营者建立关键信息基础设施保护安全管理体系、安全技术体系和安全运营体系，如图 5-10 所示。

1）安全管理体系需要建立管理制度、设立管理机构、规定管理人员、进行安全建设和运维管理。对识别认定的业务识别、资产识别和风险识别，以及安全防护的技术手段、容灾备份、供应链和采购，监测预警的威胁监测、安全审计和安全事件，应急响应的应急计划、应急演练和事件处置等环节的风险点进行安全管理。

2）安全技术体系需要满足在等级保护三级以上的重点保护要求，通过电信网络与信息安全态势感知平台、安全系统和安全设备等设施对骨干网/城域网、移动网、IDC/云流量和基础网络稳定运行环境进行技术手段建设。

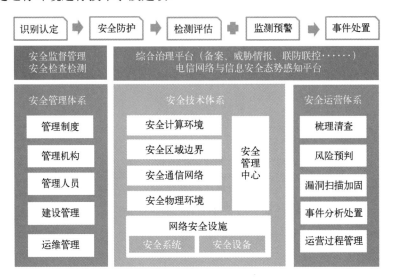

●图 5-10　关键信息基础设施安全保障

3）安全运营体系进行资产梳理清查、风险预判、漏洞扫描加固、事件分析处置及运营过程管理。

4）安全监管包括对检查规范、制度指南、评价指标的检查评估，产品审查、服务审查、数据出境审查的安全审查，以及对机构、人员资质和机构建设的资质能力的监督管理。

另外，电信行业加强行业协同关键信息基础设施保护，建立主动防御、信息共享、应急响应、预警通报和态势感知等协同机制，共同建立行业关键信息基础设施保护安全体系，支撑网络强国建设，筑建国家网络安全防线。

# 第6章 5G 赋能典型垂直行业的 安全场景

安全是产业互联网的基石，随着越来越多的设备、基础设施、行业应用与数字化资产承载于 5G 网络之上，针对物联网、电网、交通基础设施等非传统价值目标的攻击比例越来越高，攻击的门槛越来越低，手段也越来越丰富。面对这样复杂的情况，各个应用场景也需配备相应的手段措施为业务保驾护航。本章通过介绍 5G 赋能典型垂直行业的场景，并对相应的安全保障手段进行了分析，帮助读者更深入了解 5G 典型的应用场景及在该场景下的安全风险、安全防护。

## 6.1 5G 产业生态安全风险分析

5G 产业生态主要包括网络运营商、设备供应商、行业应用服务提供商等，其安全基础技术及产业支撑能力的持续创新性和全球协同性，对 5G 安全构成重要影响。

### 6.1.1 网络部署运营安全

5G 网络的安全管理贯穿于部署运营的整个生命周期，网络运营商应采取措施管理安全风险，保障这些网络提供服务的连续性。

一是在 5G 安全设计方面，由于 5G 网络的开放性和复杂性，对权限管理、安全域划分隔离、内部风险评估控制、应急处置等方面提出了更高要求。

二是在 5G 网络部署方面，网元分布式部署可能面临系统配置不合理、物理环境防护不足等问题。

三是在 5G 运行维护方面，5G 具有运维粒度细和运营角色多的特点，细粒度的运维要求和运维角色的多样化意味着运维配置错误的风险提升，错误的安全配置可能导致 5G 网络遭受不必要的安全攻击。此外，5G 运营维护要求高，对从业人员操作规范性、业务素养等带来挑战，也会影响 5G 网络的安全性。

### 6.1.2 垂直行业应用安全

5G 连接了物联网和垂直行业的关键基础设施，实现了移动网络从面向人的连接向面向机器连接的演变,也使得安全威胁在 IT 域与 OT 域之间进行双向渗透变得可能。5G 与垂直行业深度融合,行业应用服务提供商与网络运营商、设备供应商一起,成为 5G 产业生态安全的重要组成部分。

一是 5G 网络安全、应用安全、终端安全问题相互交织,互相影响,行业应用服务提供商由于直接面对用户提供服务,在确保应用安全和终端安全方面承担主体责任,需要与网络运营商明确安全责任边界,强化协同配合,从整体上解决安全问题。

二是不同垂直行业应用存在较大差别,安全诉求存在差异,安全能力水平不一,难以采用单一化、通用化的安全解决方案来确保各垂直行业安全应用。

另外,由于被攻击的目标往往连接物理世界的人或资产,因此攻击导致的后果更为严重,后续的处置也更为复杂。由于各类基础设施大量分散在网络的边缘,因此边缘计算(MEC)将会是垂直行业重要的选择与屏障。运营商需要采取必要的安全措施,保护 MEC 节点自身以及 MEC 节点中客户数字资产的安全。

5G 技术门槛高、产业链长,应用领域广泛,产业链涵盖系统设备、芯片、终端、应用软件、操作系统等,其安全基础技术及产业支撑能力的持续创新性和全球协同性,对 5G 及其应用构成重大影响。如果不能在基础性、通用性和前瞻性安全技术方面加强创新,同步更新完善产业链各环节 5G 网络安全产品和解决方案,不断提供更为安全可靠的 5G 技术产品,就会增加网络基础设施的脆弱性,影响 5G 安全体系的完善。

根据 5G 网络生态中不同的角色划分,5G 网络生态的安全应充分考虑各主体不同层次的安全责任和要求,既需要从网络运营商、设备供应商的角度考虑安全措施与保障,也需要从垂直行业如能源、交通、医疗等角度考虑安全风险和安全防护措施。

运营商作为 5G 生态的核心,需要采用安全的技术手段与措施,如面向应用的切片定制、MEC 安全防护、可信数字身份、智能网络防御等充分保障 5G 网络的安全运行,为用户提供可持续、可信、安全的网络服务;另一方面,为了建立多条安全防线,还需要将垂直行业客户、产业供应链引入 5G 网络的治理工作中来,构建 5G 网络的安全治理体系、运维体系;同时,也需要与政府以及监管部门一起,协商、制定并实施合适的安全法规与监管流程。

**1. 面向应用的切片定制**

5G 网络切片面向不同垂直行业的业务特征提供差异化的按需服务定制能力,其中安全性是定制过程中必须考虑的关键因素之一,如图 6-1 所示。

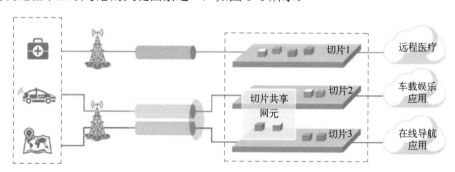

●图 6-1　面向垂直行业应用的切片定制

对于业务时延和安全性要求极高的应用，例如远程医疗业务，必须提供切片安全隔离等级最高、切片接入控制最严格的网络服务。因此在设计、编排、部署切片时可实施如下端到端的物理隔离方案：在无线侧分配独立的小区、专用频段；在核心网侧分配专用的处理机资源；在传输网络上使用专线进行传输。

对于普通的网络应用，如车载娱乐、在线导航等，对安全性无严苛要求，在设计、编排和部署切片时，可采用如下隔离方案：无线侧基于共享小区、资源块隔离；核心网侧可以共享部分控制面 NF，用户面和其他控制面 NF 基于切片隔离；承载网侧共享传输资源，通过策略路由、SDN、IPSec、FlexE 等技术实现隔离。

**2. MEC 安全防护**

MEC 的安全防护继承了电信云数据中心的安全防护手段，包括云化的基础设施加固，以及虚拟化的网络安全服务等，同时，还需要从多个方面进行针对性的加固。

（1）基础设施加固

物理安全：根据不同业务场景，MEC 节点可部署在边缘数据中心、无人值守的站点机房，甚至靠近用户的现场。由于处于相对开放的环境中，MEC 设备更易遭受物理性破坏，需要与场所的提供方一起，共同评估和保障基础设施的物理安全，引入门禁、环境监控等安全措施；对于 MEC 设备，还需要加强自身防盗、防破坏方面的结构设计，对设备的 I/O 接口、调试接口进行控制。此外 MEC 节点还必须具备在严苛、恶劣物理环境下的持续工作能力。

平台安全：针对部署在运营商控制较弱区域的 MEC 节点，需要引入安全加固措施，加强平台管理安全、数据存储和传输安全，在需要时引入可信计算等技术，从系统启动到上层应用，逐级验证，构建可信的 MEC 平台。为保证更高的可用性，同质化的 MEC 之间可以建立起"MEC 资源池"，相互之间提供异地灾备能力，当遇到不可抗的外部事件时，可以快速切换到其他 MEC，保证业务的连续性。

网络安全：MEC 连接了多重外部网络，传统的边界防御、内外部认证、隔离与加密等防护技术，需要继续在 MEC 中使用。从 MEC 平台内部来看，MEC 被划为不同的功能域，如管理域、核心网域、基础服务域（位置业务/CDN 等）、第三方应用域等，彼此之间需要划分到不同安全域，引入各种虚拟安全能力，实现隔离和访问控制。同时需要部署入侵检测技术、异常流量分析、反 APT 等系统，对恶意软件、恶意攻击等行为进行检测，防止威胁横向扩展。此外，基于边缘分布式的特点，可以在多个 MEC 节点部署检测点，相互协作实现对恶意攻击的检测。

（2）运维管理安全增强

MEC 上运行和存储着运营商和行业客户的各种数据资产，同时，5G 核心网用户面的下沉也带来了非法窃听、欺骗性计费等威胁。为了确保 MEC 节点中资产与数据的安全，需要对使用 MEC 的各方行为执行认证（Authentication）、授权（Authorization）、审计（Audit），此外，还需要在平台层面、网络层面、业务层面等多个维度，对数据资产的所有权、使用权和运维权进行分权分域的管理。当边缘域与核心域之间涉及管理、计费等关键性通信时，需要充分利用 PKI 以及 TLS/IPSec 等协议，实施认证授权与传输加密。

为了确保运行版本的安全，防止带毒运行，MEC 需要支持针对 VNF 版本包在不同交付环节之间的签名（发布方）与验签（接收方），同时需要对发布的版本包做签名校验。

为了避免安全漏洞影响到 MEC 节点上其他功能域的安全，在第三方应用引入之前，需要执行严格的管控流程，对其进行全面的安全评估和检测。同时通过应用注册过程对应用权限进行控制，通过审计手段对应用行为进行问责，以规范第三方应用的运行。

（3）数据资产保护

MEC 节点位于网络边缘，处于运营商控制较弱的开放网络环境中，数据窃取、泄露的风险相对较高。部分垂直行业，对数据管控有更严格的要求，要求企业数据不出园区。这对 MEC 中数据存储、传输、处理的安全性提出了较高的要求。

在 MEC 部署、业务运行过程中，必须对 MEC 应用可能涉及的数据进行识别，包括用户的标识、接入位置等。对安全要求高的数据需要采用加密方式存储；对行业高价值资产数据，应尽量使用 IPSec/TLS 等安全传输方式，避免传输过程中数据泄露或被篡改。对数据处理、分析和使用，需要服从当地的数据隐私法律法规，结合数据操作对象的认证、授权等方式规范数据的处理使用，并对操作过程进行记录。如果涉及数据隐私，在使用之前需要对数据进行脱敏处理。

3．安全能力开放

5G 网络能够通过能力开放接口将网络能力对外开放，以便垂直行业按照各自的需求编排定制化的网络服务。为了满足不同垂直行业的安全需求，5G 网络通过将安全能力进行抽象、封装，与其他网络能力一起开放给行业应用，配合资源动态部署与按需组合，为垂直行业提供灵活、可定制的差异化安全能力。5G 安全能力开放模型如图 6-2 所示。

●图 6-2　5G 安全能力开放模型

5G 安全能力开放模型可分为资源层、能力层和应用层三个层面。

资源层提供各种基础资源的抽象与封装。资源可以是各种类型和形态，以资源池的形式提供，包括安全功能资源池、安全算法资源池、安全信息资源池和可信计算资源池等。

安全功能资源池包括虚拟防火墙、虚拟安全网关等虚拟化安全设施；安全算法资源池包括一系列加密算法、完整性算法、AI 算法等；安全信息资源池包括各种漏洞库、病毒库、威胁情报等安全相关的信息资源；可信计算资源池包括支持可信计算的硬件模块与软件平台。

能力层提供了各种可供应用层调用的安全能力集，如身份认证体系、可信计算体系、通道加密体系等。这些能力集由网络运营商整合和维护，结合 5G 网络的优势，对应用提供具备高度可用性与灵活性的能力调用接口。

应用层根据需要将多种安全能力进行编排，提供符合自身特点的安全防御体系。由于资源层具备很强的伸缩能力，因此应用层也能够获得很强大的弹性安全能力。

**4. 可信数字身份**

5G 生态带来众多不同类型新参与者与新商业模式（例如：新监管机构、新垂直行业主体、新业务类型以及新机器连接等），这也使得 5G 生态中的监管关系、权属与管理关系、契约关系、信任关系、背书与验证关系等更为复杂化与多元化，其影响波及网络层与应用层。

随着 5G 大规模部署以及物联网能力的逐渐普及，各主体（运营商、监管者、垂直行业、OTT、第三方服务、消费者、IoT 设备等）之间需要一种能够表达新生态下相互之间更加丰富与多元化的新型数字关系的身份体系，以更好地支持 5G 业务的创新与商业模式的演进。

传统互联网数字身份体系（如 DNS、PKI 等）基于个体自治原则、独立第三方 CA 信任模型，以一种业务无关的管理方式运作，数字关系表达能力有限，这在消费互联网背景下是合适的。5G 面向的垂直行业场景，有更合适的信任主体、更紧密的背书关系，以及更直接的权属与管理关系，具备更丰富的数字关系表达能力。另外，由于传统互联网数字身份体系的信任根大多位于主权控制之外，对于特定国家或者地区而言存在很大的安全隐患。

目前存在很多与数字身份相关的分散的研究，包括各种垂直行业标识体系、面向物联网的数字证书体系、5G 融合身份认证、跨运营商的协同等，都可以融合在统一的可信数字身份框架下，如图 6-3 所示。5G 生态可以以 USIM/eSIM 认证为基础，通过引入区块链、DID 等新技术，重建面向 5G 网络与产业互联网的新型数字信任体系，使得更多不同行业的权威与可信主体（如运营商、监管部门、互联网产业等）能够参与到 5G 数字身份生态之中，为 5G 产业互联网的创新与发展保驾护航。

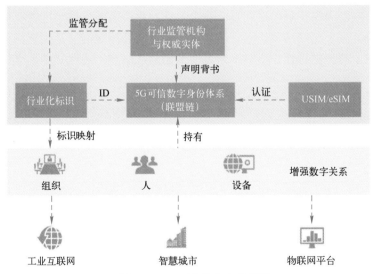

●图 6-3　5G 可信数字身份框架

**5. 智能网络防御**

5G 不同的业务场景在架构、组网、软硬件组成方面都存在差别，因此面临着多种不同类型、不同手段网络攻击的风险，很难有完备的安全方案一劳永逸地杜绝网络攻击。

5G 网络支持面向机器的连接，相比于传统消费互联网人行为的复杂性与不确定性，机器的行为模式相对简单，流量模型可预测，同时由于网络切片的使用，隔离了各种不同业务特征的网络流量，因此，通过快速的学习和训练，AI 技术可以更加准确地对垂直行业的流量与行为的异常进行检测、回溯与原因分析，为垂直行业用户提供实用化的安全分析与告警，抵御各类 AP 攻击。5G 智能网络防御能力描述如图 6-4 所示。

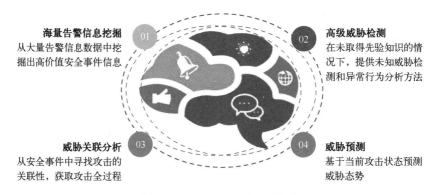

**海量告警信息挖掘**
01
从大量告警信息数据中挖掘出高价值安全事件信息

**高级威胁检测**
02
在未取得先验知识的情况下，提供未知威胁检测和异常行为分析方法

**威胁关联分析**
03
从安全事件中寻找攻击的关联性，获取攻击全过程

**威胁预测**
04
基于当前攻击状态预测威胁态势

●图 6-4　5G 智能网络防御能力

AI 技术的发展为 5G 网络提供了智能化的攻击检测机制。首先，对网络中的流量和各种日志信息进行持续的收集分析，在大量的数据中提取高价值的安全事件，这些安全事件反映了网络中存在的各种行为。通过预先建立的模型对这些安全事件进行分析，分辨出其中与网络攻击相关的异常行为，就能够判断出网络攻击事件的存在和发生的位置。

仅仅检测到单个网络攻击事件是不够的，网络攻击的传播过程、发起的源头和扩散的范围都是我们需要知道的重要信息。因此，需要对安全事件进行关联分析，即在大量的安全事件中寻找事件之间的因果关系，形成整个攻击事件的攻击链条，清晰地展现攻击事件的整个过程和扩散范围。基于对网络攻击事件的深度挖掘，结合网络的基础设施情况和运行状态，就能够对网络安全态势做出评估，对未来可能遭受的网络攻击进行预测，提供针对性的预防建议和措施。

## 6.2　5G 赋能工业互联网安全

5G 与工业互联网的融合将加速数字中国、智慧社会建设，加速中国新型工业化进程，为中国经济发展注入新动能，为疫情阴霾笼罩下的世界经济创造新的发展机遇。

我国工业互联网市场规模不断增大，据 2021 年中国工业互联网研究院发布的《中国工业互联网产业经济发展白皮书》测算，2020 年我国工业互联网产业增加值规模达 3.57 万亿元，名义增速达到 11.66%。

工业互联网近年来热度不断上升，国家政策利好，行业市场增速，潜力巨大，对我国工业现代化起到巨大的推动作用。工业和信息化部在 2019 年 1 月发布了《工业互联网网络建设及推广指南》，提出加快培育网络新技术、新产品、新模式、新业态，支撑制造强国和

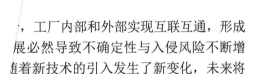

网络强国建设；2019 年 7 月，〔……〕"加强工业互联网安全工作的指导意见"，要求到 2025 年〔……〕为开展工业互联网工作提供切实可行指引；2020 年 3〔……〕信息化部办公厅关于推动工业互联网加快发展的通知〔……〕，并提出了"建立企业分级安全管理制度""完善安〔……〕"及"加强安全技术产品创新"四方面工作举措。2〔……〕委、教育部等十部委联合印发《5G 应用"扬帆"行动〔……〕5G 全面协同发展，深入推进 5G 赋能千行百业，聚焦〔……〕5G 应用安全风险评估，开展 5G 应用安全示范推广〔……〕强化 5G 应用安全供给支撑服务。

5G 技术将传统的人〔……〕之间智能互联，使移动通信技术极快地发展并应用到各〔……〕于国民经济各领域，成为社会信息流动的主动脉、产业生〔……〕工业互联网的融合发展乘数效应显著，5G+工业互联网〔……〕

作为国家重要的基〔……〕运行、社会稳定和国家安全。但是，5G+工业互联网在〔……〕合所带来的安全问题，工业互联网打破了传统工业相对封〔……〕物联网、5G、人工智能等新兴技术推动工业发展变革的〔……〕逐步引入工业体系，信息系统与工业系统安全边界的日〔……〕，工业互联网安全事件频发，严重威胁工业企业，漏洞〔……〕化攻击方式加速传统威胁向工业系统渗透，网络边界模糊〔……〕际。

## 6.2.1　工业互〔……〕

随着 IT 和 O〔……〕，工厂内部和外部实现互联互通，形成了一个开放共享的网络〔……〕展必然导致不确定性与入侵风险不断增加，工业领域中设备、网络、控制、数据、〔……〕随着新技术的引入发生了新变化，未来将面临更多的安全风险。

（1）设备安全风险

工业 OT 网络中大量工业设备主机上连接 IT 网络和平台、下连接 OT 中的控制器和执行器，它们是连接物理和信息世界的关键，例如：操作员站、工程师站、数据服务器等，这些主机中存储设备实时数据、监控视频等。在实际生产中，这些工业主机几乎处于"裸奔"状态，存在没有安全防护措施、安全措施未更新等问题。

与此同时，5G 与工业互联网的融合使海量工业终端接入网络，终端设备本身也存在漏洞、缺陷、后门等安全问题，暴露在相对开放的网络中时容易被利用，形成设备僵尸网络，成为 DDoS 攻击源。

（2）网络安全风险

5G 与工业互联网呈现叠加融合、互为动力的蓬勃发展态势。5G 采用的新技术也伴随新的安全风险。例如，5G 网络切片为工业互联网业务提供差异化服务，但是在切片全生命周期中也存在非法访问、用户数据窃听、非法攻击、资源抢夺等切片安全威胁和管理权限滥用、实例篡改等切片管理威胁；MEC 满足工业互联网中低时延的业务场景，但是，5G 核心网 UPF 下沉导致网络边界模糊，为边界防护增加难度，MEC 部署过程中成本、性能和灵活性的制约导致其安全能力不够完善，不足以抵御一定强度的外部攻击。

（3）控制安全风险

工业控制协议、软件、平台等在设计之初主要基于 IT 和 OT 相对隔离，以及 OT 环境相对可信这两个前提，同时由于工业控制、机器人等对时延和实时性要求较高，缺少认证、授权、校验和加密的安全特性和安全功能。5G 网络将相对封闭的工业控制专网连接到互联网上，增大了工控协议、平台、软件被利用的风险，网络攻击有机会从 IT 层渗透到 OT 层，从工厂外渗透到工厂内，工厂控制面临极大的安全风险。

（4）数据安全风险

工业互联网场景下数据种类多、体量大，数据的流通带来了新的安全风险。MEC 节点位于网络边缘，数据泄露、被窃取的风险加大，MEC 通过 API 接口开放给第三方应用，给企业内部生产管理数据、生产操作数据以及工厂外部数据的开放、流动和共享带来前所未有的风险，使得行业数据安全传输与存储的风险大大增加。

（5）应用安全风险

网络能力开放是 5G 的显著特点之一，通过与工业互联网融合，能够催生出个性化定制、服务延伸等新业务和新生态，但也带来了新的安全风险，例如第三方 APP 对 MEC 平台发起攻击；MEC 平台服务面临常见的违规接入、内部入侵等安全挑战；MEC 平台上部署的应用程序本身存在的漏洞和缺陷等。

## 6.2.2　工业互联网安全防护

5G 赋能工业互联网安全在分析工业互联网安全风险的基础上，叠加 5G 自身安全能力，结合中国工业互联网产业联盟（AII）发布的《工业互联网安全框架》，从明确安全防护对象、落实安全防护措施、提升安全防护管理这 3 方面构建工业互联网安全防护体系。

（1）明确安全防护对象

通过分析工业互联网面临的风险，明确了需要防护的范围和方向，包括设备安全、网络安全、控制安全、数据安全和应用安全。利用 5G 自身网络安全能力，例如无线接入、MEC、切片、5GC、管理等安全能力叠加传统安全能力，综合赋能工业互联网安全，达到工业互联网中边界隔离、主机防护、工控安全、平台安全等要求，实现符合等级保护 2.0 的工业控制系统安全，具体图 6-5 所示。

（2）落实安全防护措施

为应对 5G+工业互联网所面临的安全风险，以时间为轴主要从事前防范、事中监测和事后应急落实安全防护措施，具体包括威胁防护、检测感知和处置恢复，如图 6-6 所示。

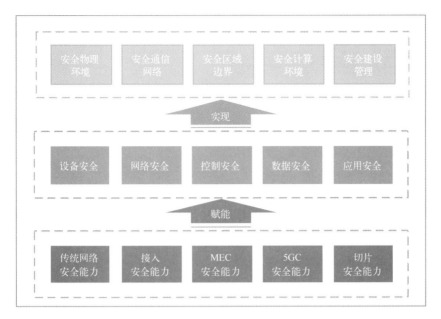

●图6-5 工业互联网安全防护对象

●图6-6 工业互联网安全防护措施

（3）提升安全防护管理

5G+工业互联网安全需要从制度建设、标准体系、产业生态等多视野多角度提升安全防护管理。通过设定安全目标，实现安全威胁分析和风险评估；制订安全管理原则，配合安全管理方法，搭建科学完备的安全管理和风险评估流程；配置安全策略，全面指导安全防护能力水平的提升，实现安全防护措施的有效部署。工业互联网安全防护管理如图6-7所示。

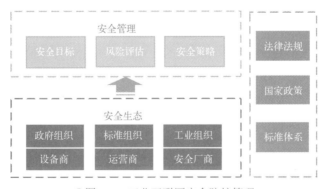

●图6-7 工业互联网安全防护管理

面向 5G+工业互联网健康发展，需产业各方凝聚共识、深入交流、坚持共建、增进合作，携手共创"5G+工业互联网"安全生态。

### 6.2.3　5G 赋能工业互联网安全能力

工业互联网的基础在于建设一张能够满足工业生产、企业园区、运营管理的高可靠、高性能、高灵活性的网络。传统模式下，工厂大多依靠有线网络来连接生产设施，面临着扩展难和管理繁的痛点，比如有线布线工期长、升级可扩展性差等。近年来，Wi-Fi、蓝牙等短距无线通信技术在制造业中有所应用，但基于其有限的传输能力，存在时延、丢包等问题，在时间敏感型场景无法使用。因此，工业企业自发驱动了对无线网络的确定性需求，要求网络具备广连接、低时延和高可靠等特性。

5G 网络在无线新空口能力的基础上通过端到端网络切片、边缘计算等新技术，可以提供广连接、低时延和高可靠等特性，是驱动工业互联网发展的关键使能技术。5G 作为信息网络基础设施赋能工业互联网，将全面提升工业互联网的连接能力，满足不同工业应用场景对网络的不同上下行带宽、时延和安全隔离等业务需求，提供终端接入安全、用户数据安全、网络隔离安全、边缘计算安全等安全能力，如图 6-8 所示。

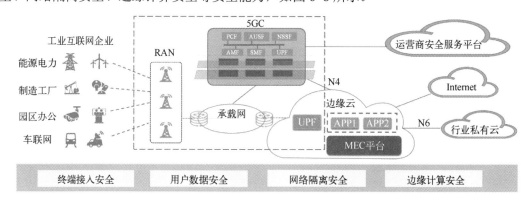

●图 6-8　5G+工业互联网典型组网及安全能力

**1. 终端接入安全**

（1）切片认证

5G 网络可以通过切片认证，限制特定终端接入工业互联网企业专属切片。网络切片是一组带有特定无线配置和传输配置网络功能的集合，可在同一套物理设备上提供多个端到端的虚拟网络，这些网络功能可以灵活部署在网络的任何节点（接入、边缘、核心）。工业互联网企业使用切片技术，不同切片间的数据进行隔离，只有授权的终端才能访问切片内的数据，可以保证终端接入安全。

可以通过配置 IMSI（International Mobile Subscriber Identity，国际移动用户识别码）与园区切片 S-NSSAI（Single Network Slice Selection Assistance Information）对应关系，由 AMF（Access and Mobility Management Function，接入和移动性管理功能）对 5G 工业互联网终端发起切片接入认证流程，限制仅仅在工业互联网企业认可的 IMSI 清单内的终端才可以接入工业互联网企业专属切片，确保接入切片终端合法。

（2）二次认证

面向对终端有多重接入控制需求的工业互联网企业，5G 网络可以为工业互联网企业提供底层认证通道，由工业互联网企业自己选择或定制具体的认证算法和协议，实现自主可控的二次认证。

5G 工业互联网终端在接入工业互联网企业 DN（Data Network，数据网络）前，首先需要完成与 5G 核心网 UDM（Unified Data Manager，统一数据管理平台）网元及 AUSF（Authentication Server Function，认证服务器功能）网元之间的主认证鉴权流程。主认证通过后，SMF（Session Management Function，会话管理功能）网元在建立用户面数据通道前，会根据签约信息发起二次身份认证流程。SMF 网元向 AAA（Authentication Authorization Accounting，认证、授权、计费）服务器发出认证开始的消息，并建立起 5G 工业互联网终端与 AAA 服务器之间的认证通道，由 AAA 服务器对 5G 工业互联网终端进行二次认证，二次认证通过之后，5G 核心网才会为 5G 工业互联网终端建立到数据网络的连接。

AAA 服务器可以由工业互联网企业自部署，通过 UPF（User Plane Function，用户平面功能）网元与 SMF 网元连接，也可以由 5G 网络运营商直接部署在通信机房中与 SMF 网元连接，5G 网络运营商提供云上 AAA 服务，工业互联网企业客户以租户形式实现对入网终端的二次身份认证。

（3）业务访问控制

5G 网络运营商可以将终端标识信息开放给工业互联网企业客户，将终端标识信息通过 SMF 转发给工业互联网企业业务访问控制系统，工业互联网企业可以根据终端标识信息自主实现业务控制。对于有业务访问控制需求，但无法自部署业务访问控制系统的工业互联网企业，5G 网络运营商可以提供云上业务访问控制服务，工业互联网企业以租户形式实现对入网终端的业务访问控制。

（4）终端接入位置控制

5GC 维护 IMSI 与工业互联网园区切片 S-NSSAI 对应关系和 TAI 与园区切片 S-NSSAI 对应关系两类清单。当规划园区 TAI list 属于 5G 网络运营商大网 TAI list 的子集时，可实现终端进入园区以后允许使用园区业务和大网业务，离开园区以后仅允许访问大网业务。当园区 TAI list 独立规划，不与 5G 网络运营商大网 TAI list 有重合时，可实现终端仅允许使用园区业务，离开园区以后不允许访问园区业务，也不允许访问大网业务。对于需求更高终端位置精度的工业互联网企业，5G 网络运营商也可以结合 5G 蜂窝网络定位能力，提供终端位置服务。

**2．用户数据安全**

（1）数据传输安全

对于工业互联网敏感业务数据，5G 网络可以保障用户面空口数据传输安全。5G 基站 gNodeB 根据 5G 核心网网元 SMF（Session Management Function，会话管理功能）发送的安全策略，可以激活开启 UE（User Equipment，用户设备）和 gNodeB 之间的用户面数据的机密性保护、完整性保护和防重放保护，保护空口用户面数据的传输安全。

（2）用户标识安全

针对用户标识在网络上明文传输，让黑客有机会在空口窃取用户标识，威胁用户隐私安全的问题，5G 网络运营商可以提供用户标识隐私保护服务。工业互联网终端使用内置 5G 网络公钥的 5G SIM 卡，将 SUPI（SUbscription Permanent Identifier，用户永久标识符）加密为 SUCI（SUbscription Concealed Identifier，用户隐藏标识）传输，加密后的 SUCI 只能通过在 5G 核心网中的私钥解密，可有效杜绝在网络传输过程中暴露用户标识。

3．网络安全隔离

（1）无线接入网隔离

无线接入网的隔离主要面向无线频谱资源和基站处理资源，利用专网技术或者切片技术实现，主要实现方式为独立基站、频谱独享、PRB（Physical Resource Block，物理资源块）独享等。

面向最高安全等级（如工业控制类）应用或者仅仅服务工业互联网应用的局部区域，比如矿山、无人工厂等，可以采用独立基站的形式实现 RAN 隔离。面向较高资源隔离和业务质量保障需求的工业互联网应用，可以采用资源频谱独享的方式，在运营商频谱资源中划分出一部分，单独给工业互联网应用服务。面向有一定资源隔离和业务质量保障需求的工业互联网应用，可以采用 PRB 独享的方式，配置一定比例的 PRB 给工业互联网应用切片专用，PRB 的正交性保证了切片的隔离性。

（2）承载网隔离

承载网隔离主要实现方式有 FlexE 隔离和 VLAN 隔离。FlexE 隔离基于时隙调度将一个物理以太网端口划分为多个以太网弹性管道（逻辑端口），使得承载网络具备类似于时分复用的独占时隙、隔离性好的特性。VLAN 隔离通过 VLAN 标签与网络切片标识的映射实现，根据切片标识为不同的切片数据映射封装不同的 VLAN 标签，通过 VLAN 隔离实现切片的承载隔离。

（3）核心网隔离

5G 核心网由很多种不同网络功能的虚拟化网元构建，可以针对工业互联网企业不同的安全需求，采用多重隔离机制。主要实现方式如下。

✓ CPF 和 UPF 独享

主要面向电网等安全需求高的场景。该方式下核心网的所有控制面网元（包括 AMF、AUSF、UDM、UDR、PCF、SMF）、用户面网元（UPF）均为工业互联网行业客户专用独享。

✓ CPF 部分独享，UPF 独享

主要面向工业控制等有较高网络安全隔离需求的工业互联网企业。该方式下核心网的控制面网元部分独享，用户面网元 UPF 为工业互联网行业客户专用独享。UPF 可根据容量、时延等要求，选择在核心机房或者边缘机房建设。

✓ CPF 全部共享，UPF 独享

主要面向工厂、园区等有一定数据安全隔离要求，且对 UPF 部署位置有严格要求的工业互联网企业。该方式下核心网的控制面网元全部共享，用户面网元 UPF 新建，为工业互联网行业客户专用独享可部署在工业互联网企业园区。

✓ CPF 和 UPF 全部共享，切片虚拟资源隔离

面向有一定数据安全隔离需求，对 UPF 部署位置无要求的工业互联网行业客户。该方

式下核心网的控制面网元，用户面网元 UPF 全部共享为工业互联网行业客户服务，通过切片进行虚拟资源隔离。

### 4. 边缘计算安全

（1）数据不出园

企业数据对工业互联网企业至关重要，工业互联网企业对用户面数据不出园区具有强烈需求，可以通过数据不出园的网络架构设计出园数据的识别阻断，从而为工业互联网企业提供数据不出园服务。5G 网络运营商可以将 5G 用户面网元 UPF（User Plane Function，用户面功能）部署在工业互联网园区，通过工业互联网终端签约约束，实现用户面数据不出园。在 UPF 的信令管理面部署流量探针，智能分析并识别，仅信令及 OM 相关数据可以流出，确保没有业务数据流出工业互联网园区。

（2）APP 安全防护

边缘计算平台开放架构下，工业互联网企业非常关注对第三方 APP 的安全防护。APP 安全防护包括 APP 网络安全隔离、APP 访问控制和应用清单安全管理等。对于共享物理链路的不同 APP，在网络层应进行逻辑区隔离，实现 MEP 与 APP、APP 与 APP 的安全隔离，并部署不同的 vFW 等进行防护。可以应用存储加密、镜像加密及完整性校验等手段，防止 APP 之间访问无防护，从而导致容器级攻击、资源层横向移动攻击、应用层攻击和业务流量攻击。可以采集 MEC 资产清单，对租户的文件和 APP 进行安全分析，进行应用黑白名单管理。

## 6.3 5G 赋能车联网安全

中国是人口大国，也是汽车消费大国。车联网产业是汽车、电子、信息通信、道路交通运输等多个行业深度融合的新型产业，是全球创新热点和未来发展的制高点。为全面实施"中国制造 2025"，深入推进"互联网+"，推动相关产业转型升级，大力培育新动能，国家已经将发展车联网作为"互联网+"和人工智能在实体经济中应用的重要方面，各参与方积极进行技术与业务创新，为下一个行业浪潮的到来积极做准备。

随着汽车智能化、网联化的不断发展，车联网被越来越多提及，车联网概念引申自物联网（IoT），全称为汽车移动互联网，是以车内网、车际网和车云网为基础，按照约定的通信协议和数据交互标准，在车与车、路、行人及互联网等之间，进行通信和信息交换的信息物理融合系统，是能够实现智能化交通管理、智能动态信息服务和车辆智能化控制的一体化网络，是物联网与智能汽车的深度集成和应用，是信息化与工业化深度融合的重要领域。

在 5G 商用网络部署的重点典型场景中，参照国家《智能汽车创新发展战略》，基于新一代车用无线通信网络（5G-V2X）满足"人-车-路-云"实现高度协同技术要求。国际上参照美国汽车工程师学会的定义，按照智能化程度将智能汽车划分为 5 个等级，分别是辅助驾驶（L1）、部分自动驾驶（L2）、有条件自动驾驶（L3）、高度自动驾驶（L4）、完全自动驾驶（L5）。聚焦 L1、L2 场景中的辅助驾驶、部分自动驾驶，依靠人工智能、视觉计算、雷达、高精度地图和全球定位等 V2X 系统的高度协同合作，使车辆具备智能的环境感知能力，能够自动地分析汽车行驶的安全及危险状态，让汽车按照人的意志到达目的地，逐步发展到 L4 和 L5 阶段的最终无人自动驾驶阶段。

与国外相比较而言，我国车联网产业起步较晚。2015 年，政府相继发布了《中国制造 2025》和《关于积极推进"互联网+"行动的指导意见》，车联网产业成为国家发展战略的重要内容。2018 年，工业和信息化部、国家标准化管理委员会共同组织制定了《国家车联网产业标准体系建设指南》系列文件，从智能网联汽车、信息通信、电子产品与服务等方面提出了车联网产业的整体标准体系结构、建设内容，通过充分发挥标准的引领和协调作用，为打造自主可控、具有核心技术、开发协同的车联网产业提供支撑。

当前，我国车联网产业正处于起步阶段，技术创新愈加活跃，新型应用蓬勃发展，产业规模不断扩大。同时车联网信息安全需求的安全级别要求也更高，安全事件危害程度更大。安全作为车联网的重要组成部分，已成为车联网健康有序发展的重要前提和保障。我国高度重视车联网安全工作，相关主管部门积极布局。在标准规范方面，我国陆续积极推进车联网安全相关标准研究制定工作，工业和信息化部已发布《国家车联网产业标准体系建设指南》总体要求、信息通信、电子产品和服务、智能网联汽车等分册。《智能网联汽车》分册规划了信息安全类（编号 204）标准，在遵从信息安全通用要求的基础上，重点针对车辆及车载系统通信、数据、软硬件安全，从整车、系统、关键节点以及车辆与外界接口等方面，在遵从信息安全通用要求的基础上，重点针对车辆及车载系统通信、数据、软硬件安全，从整车、系统、关键节点以及车辆与外界接口等方面，规划了网络与数据安全体系，涵盖安全体系架构、通信安全、数据安全、网络安全防护、安全监控、应急管理等方面的标准。2017 年，中国信息通信研究院正式发布《车联网网络安全白皮书（2017）》，指出车联网的网络安全应重点放在智能网联汽车安全、移动智能终端安全、车联网服务平台安全、通信安全，同时数据安全和隐私保护要贯穿于车联网的各个环节。

## 6.3.1 车联网安全风险

尽管车联网能够带来许多便利，但其容易被远程控制与操纵，易遭受安全威胁。一旦智能网联汽车的安全漏洞被黑客利用，实现对汽车的攻击和控制，其后果轻则泄露个人信息和隐私，重则酿成车毁人亡的惨剧，对车主乃至路人的人身、财产安全形成威胁，更严重的是被控制的汽车可能成为恐怖主义的工具，直接影响公共安全，甚至上升成为国家公共安全问题。

车联网作为重要的基础设施，已成为国内外广泛关注的焦点。近几年，全世界范围车联网网络攻击风险不断加剧，已经发生多起针对车联网的网络攻击事件，部分案例中攻击者可控制汽车动力系统，导致驾驶者的生命安全遭到威胁。2015 年，克莱斯勒的 Jeep 车型被入侵，可在用户不知情的情况下降低汽车的行驶速度、关闭汽车引擎、突然制动或者让制动失灵。2017 年，车联网的安全风向标又急转至客户的数据安全及隐私安全。美国某经销商集团数据库遭到攻击，涉及多个品牌超过 1000 万辆汽车的销售数据泄露。同年，日产汽车官方宣布旗下的金融公司数据库数据信息遭到黑客窃取，客户的个人信息、贷款信息等都在窃取范围内……

车联网的安全风险主要来自于车载终端、通信、平台和应用等方面，根本上是在智能网联汽车业务场景的应用层面，对信息安全的考量不足，缺乏针对信息安全的系统性安全保障体系。

（1）车载终端安全问题

随着车辆的智能化、网联化水平的不断提升，汽车联网以后，网络和车之间，平台之间互动时，就有可能产生安全问题。汽车内部相对封闭的环境存在很多可被攻击的安全缺口，车载终端面临的信息安全问题日益增多，数据显示今年车联网相关攻击达 280 余万次，由于车联网涉及多环境交互，这些攻击的目标从通信应用到汽车最核心系统变化，同时也会影响汽车行驶安全，主要体现在操作系统安全、车辆密钥安全和智能设备安全三个方面。从目前来看，车内防护不足、身份加密和隔离应用不足、都是我们在车联网发展过程中需要面临的新问题。

（2）通信安全问题

车联网通信连接变得更加多样，即车联网进行信息交互的通信场景需求变多，包括车-车通信、车-云通信、车-人通信、车-路通信、车内通信等通信场景。通信方式有移动通信，也有短期无线通信方式，这之间的通信安全存在认证风险、传输风险、协议风险，其安全、加密、可靠性等问题都比较突出。数字钥匙给用户提供了方便，它可以开启车的控制，但是里面的安全机制不够，安全风险比较高。

（3）平台安全问题

服务平台是车联网的重要组成部分，是远程管理的核心，实现的功能日益丰富，提供车辆监督管理、休闲娱乐服务、故障远程诊断、远程车辆控制、OTA 下载升级等服务，从提供信息服务逐渐向车辆控制服务延伸。从目前来看，平台在本身性能、计算、处理和应用等方面的能力有很大提升，但是也存在很大的风险，比如像云端控制平台可以进行远程控制，如果对平台进行网络攻击可以直接延伸到对车本身的攻击。对交通管理平台如果信息篡改可以引起交通信息事故，甚至是更大的交通瘫痪。除传统安全防护外，需要重视数据安全防护问题，尤其防止云端存储数据（特别是隐私数据）的丢失和泄露。

（4）应用安全问题

随着汽车承载的功能逐步增多、应用越来越丰富，如辅助驾驶和信息娱乐等，也包括汽车后服务、汽车保险、汽车出行等，移动 APP、路基设备等外部组件和应用频繁接入智能网联汽车，每个接入点都意味着新风险点的引入。驾驶者使用车辆外部组件和应用时，存在带来外部恶意代码和入侵攻击的风险。典型的车联网安全漏洞的情况，高危和中危的加起来超过 60%。

## 6.3.2　车联网安全防护

智能汽车安全划分为"车网络安全（Security）"和"车安全（Safety）"两个领域范畴，车网络安全架构如图 6-9 所示。

车网络安全：关注车内安全、车通信安全，包括"车与人""车与云""车与网"和"车与车"安全通信，使用一切手段保障车联网网络畅通无阻的运行，保证其尽可能少地被网络攻击，侧重关注人为因素的网络安全攻击和漏洞防御。

车安全：侧重车运行过程中的意外非人为因素带来的伤害，即通过"车-车"通信和车路网协同的高精度检测作用于车辆间防碰撞安全系统，进而提升"人-车"的整体安全保障。

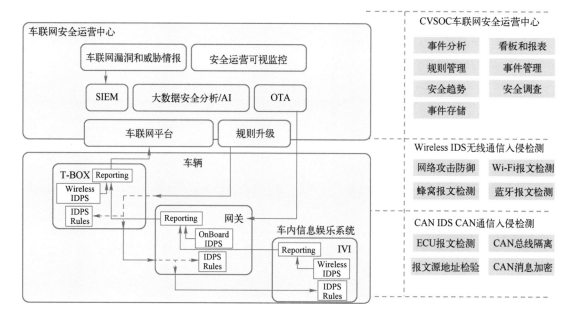

● 图 6-9　车网络安全架构

车网络安全主要涉及端、管、云三个分层，恶意的 OBD（On-Board Diagnostic）设备、远程攻击、车间通信安全威胁、蓝牙/Wi-Fi 近场劫持和攻击等威胁成为车网络安全的主要安全威胁要素，在 5G 的自动驾驶场景中提供如下安全措施来保障车网络安全。

1）提供车身安全的 IDPS（入侵检测防御系统），专门用于检测异常消息并实时防止车身安全电子信息系统被入侵的安全风险，防备来自外界针对车载通信模块的攻击。

2）增强车通信安全保障，即 V2X 的车通信安全加强证书授权、匿名证书通信和数据通信加密，从而实现在 5G 高速通信过程中的车联网通信数据的完整性保护。

3）通过车联网的云端 SOC，即车联网安全运营中心（Connected Vehicle Security Operation Center，CVSOC）的威胁事件感知与管理，结合外部涉及车联网的威胁情报，构建面向车企客户具备监控和分析能力的安全运营中心，在云端通过安全信息和事件管理（Security Information Event Management，SIEM）与人工智能安全威胁规则的挖掘分析，来防范通过各种渠道进入车辆内部网络的攻击，并通过云端保护受保护车辆的隐私。

车安全从硬件及软件两方面构建安全能力，主要包括以下几点。

1）行为安全性：上路行驶时的驾驶决策。

2）功能安全性：安全操作，包括备份及冗余。

3）碰撞安全性：对车内人员的防护能力，与车辆进行交互的人员的安全性。

4）操作安全性：乘客与车辆间安全性与舒适性的交互影响。

5G 移动通信技术可以降低延迟、增强可靠性和提高吞吐量、连接密度。另外，5G 的高带宽除了满足对车的需求外，也可以满足车内乘客对 AR/VR、游戏、电影、移动办公等车载信息娱乐，以及高精度地图的需求。厘米级别的 3D 高精度定位地图的下载量在 3～4Gbit/km，正常限速 120km/h 下每秒钟地图的数据量为 90M～120Mbit/s，结合融合车载传感器信息和大数据分析车通信的碰撞检测服务，最终实现 5G 自动驾驶场景中的车辆碰撞自动通知、车辆故障通知、交通信息和娱乐服务。

## 6.4  5G 赋能物联网安全

5G "高速度、大容量、低时延"的技术特点，使人们的生活和社会真正实现万物智联，将工业生产活动、基础设施资源和人们的家居生活全面连接在全球互联互通的网络上，互联网经济形态也从消费互联网向产业互联网转变。万物智联在提高生产力的同时，连接的业务和设施越来越重要，规模越来越大，网络攻击的利益和风险也越来越大，一旦遭受攻击不仅会给个人和企业带来严重的损失，还会威胁社会稳定和国家安全。

5G 万物智联时代，物联网应用广泛普及，融入各个垂直行业，能够提升生产效率、缩短业务流程，是企业实现新经济增长点的契机，因此，智能终端设备规模出现了爆发式增长。据 McKinsey 预测，到 2025 年物联网市场将增长 4 万亿美元至 11 万亿美元，但物联网设备的异构性、通信的复杂性、攻击的多样性等问题也给网络和信息安全带来了巨大的挑战，驱动着物联网安全产业的发展。据统计，2019 年物联网安全市场规模达到 128.8 亿元，增速 45.2%。

### 6.4.1  物联网安全风险

智能终端接入的异构性、通信的复杂性等问题给物联网设备、网络和应用带来巨大的挑战。

（1）IoT 攻击难度低

在 5G 及 IoT 领域，智能终端数量极其庞大，其中很大部分存在安全漏洞和弱口令、相互攻击感染等问题，因此利用物联网设备发起攻击具有低门槛的特点。我国是全球 IoT 攻击发生最频繁的国家（总攻击占比 19.73%），攻击者很容易入侵控制物联网终端设备，利用这些设备发起 DDoS 攻击，进而对网络和业务造成损害。据统计，2019 年物联网设备参与 DDoS 攻击次数占比超过 50.0%，给网络安全防御和治理带来了很大的难度。

（2）安全漏洞数量多

物联网安全是伴随着 5G 新技术产生的新兴领域，IoT 设备低成本、低门槛导致市场高度碎片化，供应链和监管的不完善使物联网安全标准和框架不统一，以及 5G 时代物联网的大流量大数据都会造成安全漏洞数量增加，同时由于设备部署的特点往往使其不能及时更新软件和修补漏洞，安全漏洞导致的后果是不可预估的。

（3）安全暴露面增加

万物智联时代，从智能家居、智慧楼宇、智能交通到智慧城市都连接在互联网上，而 5G 的通用协议使得所有资产直接或间接地连接在一起，这就增加了网络安全暴露面，给攻击者提供了危害社区、基础设施、工厂系统、整个城市甚至是国家安全的便利条件，这就是所谓的"互联网的东西越多，安全问题就越多"。

（4）数据隐私泄露易

人工智能技术在物联网领域的应用使 IoT 设备功能越来越强大、越来越智能，智能设备可能正在悄无声息地窥探、获取、存储和共享用户个人数据，并通过大数据分析推测个人习惯、用户喜好等，物联网已经成为信息安全的"重灾区"。

（5）安全管理控制难

数以亿万计多样化的终端接入网络，给安全管理和控制带来巨大的难度，海量物联网设备的安全认证成为难点，一些简单设备因计算能力的限制采用单向认证方式保持一定速率接入网络，而单向认证对网络安全带来了不可控不可管的风险。

## 6.4.2　物联网安全防护

万物安全智联是 5G 时代物联网大规模应用的必要条件，也是物联网安全产业稳步发展的基本原则，因此需要多角度、全方位地解决客观存在的物联网安全问题。

（1）物联网安全技术架构

在通信技术高速发展和迭代的时代，与攻击者不断较量的过程中，对安全防御和恢复都积累了丰富的经验。事实证明，只有不断的技术进步才能保障网络安全体系的完善。在物联网领域，需要基于安全风险、安全需求和应用场景，建立全局化、体系化安全技术架构，驱动物联网安全行业发展，在遵从国家/区域法律、重要行业安全标准、企业标准的基础上，全方位覆盖物联网感知层、网络层、平台层、应用层等，构建物联网端到端的纵深防御体系。图 6-10 是对物联网安全技术架构的思考，随着技术的进步需不断完善。

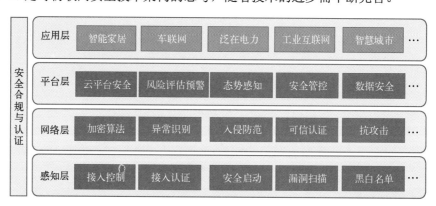

●图 6-10　物联网安全技术架构

另外，在物联网安全领域，还需要政策和标准牵引、产业和生态协同。政府和相关机构监管物联网安全对创新技术行业发展至关重要，应加强物联网安全技术标准建设及合规检测，制定相关法律法规和标准牵引物联网设备供应商、平台供应商、网络供应商等产业上下游安全生产和运营。物联网设备供应商要在设计之初引入安全开发流程保证终端安全可靠，并在进入市场之前依据相关标准进行安全评估和测试；物联网平台提供商和网络提供商应重视平台安全、连接安全等，从多维度进行全生命周期管控，保障网络和信息的安全。

在物联网领域，从国家管理机构到电信运营商再到设备商服务商，已基本达成共识，物联网安全非常重要，在标准的指导下，须全面布局，聚合产业上下游，在安全需求、架构、接口、技术等方面共享研究成果和先进技术，将协同共生作为物联网安全生态体系的长足发展目标。

（2）运营商物联网安全机制

5G 新背景下，电信运营商利用网络优势可以为物联网提供安全认证、安全通信及安全运营机制。

1）安全认证基于安全身份标识识别智能设备防止非授权访问、伪造，从源头上提高安全性。运营商利用 5G 网络统一认证框架提供主认证，确保合法物联网设备接入 5G 核心网；通过切片 ID 进行切片认证，避免非授权用户占用切片资源；提供由第三方客户主导的二次认证，对安全增强认证进行能力开放。

2）运营商利用标准化的网络技术为物联网业务提供可用网络，5G 网络在安全机制上已经增加了 SUPI 加密、认证、完整性和隐私性保护，能够最大化保证安全通信和合规审查，运营商网络建设需要经过合规测试，同样要求接入网络的终端设备和通信模块也要遵守相关测试规范。另外，运营商需执行现有的数据保护条例和法规处理物联网业务的隐私问题，签订数据处理协议。

3）物联网终端设备经过认证接入网络后，运营商利用大网优势对网络流量实时监测，基于物联网终端业务数据、业务流量等信息利用 AI 技术开展大数据分析，对异常行为感知、预警，建立威胁情报分析来提高物联网安全态势感知能力，从而实现统一的物联网接入异常告警、违规溯源、设备风险评估、设备异常行为预警或及时阻断连接。

# 6.5 5G 赋能远程医疗安全

随着互联网技术的不断发展，我国目前也在积极发挥网络技术的优势作用，开辟出一种新的医疗改革模式。5G 时代即将到来，应运而生的 5G 远程会诊、5G 远程手术、5G 远程医疗业务等也都开始投入实践中，5G 使得移动网络能更好地支持高清的音频和视频交互，并且实现医疗数据和信息的快速传输，满足更高标准的医疗服务需求。

远程医疗是指借助计算机、通信等现代信息及电信技术，通过数据、文字、语音和图像资料的远距离传送，实现医生与病人、医务人员之间异地"面对面"的会诊或治疗。结合医疗业务特征，远程医疗包括基于医疗设备数据远程采集的医疗监测与护理类应用，基于视频与图像交互的医疗诊断与指导类应用和基于视频与力反馈的远程操控类应用。5G 赋能医疗健康行业，正在改变远程医疗服务的理念和模式。远程医疗是促进优质医疗资源下沉，缓解基层群众看病难问题的重要手段，其顺利开展离不开优质通信网络的保障。5G 时代的来临，以及新型无线技术、大规模天线、超密集异构网络、网络切片、移动边缘计算等关键技术的发展和应用，使得移动网络将可支持 4K 高清音视频交互、海量数据高速传输以及远程精准操控等更多远程医疗业务的需求，促进远程医疗进一步发展。

疫情的爆发让远程医疗的需求激增，加之 5G 网络的建设进程大幅度提高了远程医疗和远程设备的使用率，医疗服务机构也越来越依赖远程医疗和远程患者监测功能，远程患者监测方便且成本效益好，医疗数据得到更加充分的利用，其价值与重要性也愈发受到关注和重视。

5G 网络性能相较 4G 网络有近百倍的提升，可为医疗业务提供大数据量医学影像的传输、低时延高可靠性的网络保障、移动化的网络覆盖能力、海量医疗设备连接以及高效的本地化计算能力。5G 远程医疗的应用场景主要包括 5G 远程会诊、5G 远程超声、5G 远程手术等远程医疗业务。5G 远程会诊是利用 5G 通信技术和视讯技术传递医学信息的医学临床应用，由远端医疗专家通过视频实时指导基层医生对患者开展检查和诊断的一种医疗咨询服务。5G 远程超声基于 5G 通信技术、传感器和机器人技术，可在 5G 网络下实现机械臂及超声探头的远程控制，助力远程超声检查医疗服务的开展。远程手术作为远程医疗中重要的组成部分，将在 5G 时代有更多应用。远程手术包含远程手术示教、远程手术指导及远程手术操控几个发展阶段。其中，远程手术操控是指医生借助远程手术控制设备对远端患者进行异地、实时的手术，手术效果很大程度上取决于数据传输时延质量和安全性，因此对传输网络提出了重大挑战。

## 6.5.1　远程医疗数据安全风险

5G+远程医疗的融合所面临的安全风险有网络、终端、平台等风险，在此不再赘述。除此之外，远程医疗中数据安全是最具代表性的安全风险，数据安全关系患者隐私、技术研发等重要、敏感领域，一旦发生数据泄露将对患者群体、社会稳定乃至国家安全造成严重影响。如果没有足够的隐私和网络安全措施，未经授权的个人可能会暴露敏感数据或破坏患者监测服务。

在对患者进行远程医疗活动时，往往需要运用通信、计算机及相关网络技术手段，其中会有医院、患者，以及远程诊疗设备提供者、网络运营商等第三方参与。在此过程中，会涉及患者的检验报告、诊断结果、用药信息等涉及个人隐私的健康医疗信息。如果远程诊疗网络被不明身份人员接入，或者相关服务器和终端存在病毒、漏洞等问题，则数据将会面临着窃取篡改、恶意上传等风险。

## 6.5.2　远程医疗安全防护

远程医疗系统对网络安全的要求非常高，需要网络提供可靠、规范、安全、多样、抗干扰的网络连接服务。远程医疗系统的安全包括信息采集安全、网络传输安全和业务应用安全，其安全架构如图 6-11 所示。

（1）信息采集安全

信息采集安全需要保证采集数据的机密性和完整性，采用抗干扰技术，保障信息采集避免受到其他网络或设备的干扰，并避免干扰其他网络或设备，同时也要保证用户的隐私不被泄露。

（2）网络传输安全

网络传输安全，除了通信系统本身所具备的安全机制外，还需要提供数据的机密性和完整性保护，避免数据被窃听和篡改。同时也需要对信息采集的设备进行接入认证和授权，保证用户的合法性。

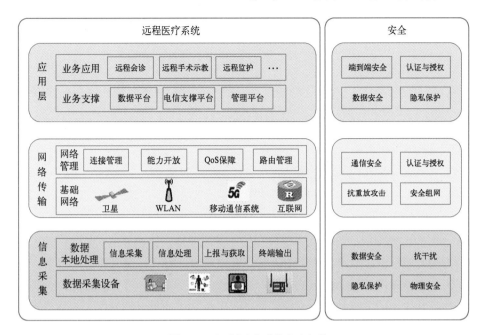

●图 6-11　远程医疗系统安全架构

（3）业务应用安全

业务应用安全包括平台层安全和应用安全，业务平台需要对所接入的业务应用进行认证和授权，保证合法的应用接入平台，同时也需要进行业务数据的机密性和完整性保护，避免数据的泄露和篡改。业务应用安全需要提供端到端的安全，保证业务应用数据的机密性和完整性，同时也要对用户隐私进行保护，防止用户隐私泄露。

在 5G 网络中，远程医疗系统可以通过网络切片来实现，不同的切片/业务除了在性能、QoS 方面的差异之外，还因承载数据的敏感程度差异，具有不同的安全等级要求。为了满足上述远程医疗的安全需求，网络切片需要提供不同切片实例之间的隔离机制，防止本切片内的资源被其他类型网络切片中的网络节点非法访问。例如，医疗切片网络中的病人，只希望被接入到本切片网络中的医生访问，而不希望被其他切片网络中的人访问。

根据远程医疗业务的不同将网络功能分割成不同的网络切片时，需进行切片内的认证和授权，当切片管理的某些功能开放给第三方时，需建立由运营商控制的主认证和授权与由第三方控制的二次认证和授权的融合机制。

# 第7章  5G 安全典型解决方案与 应用案例

随着 5G 的悄然到来，将突破 4G 时代人与人的连接，开启变革的大门，实现人与物、物与物的万物互联。5G 作为智慧工业的重要支撑载体，将"打通"各生产要素，配合智能化技术，实现不同生产要素间的高效协同，从而提高生产效率，使智慧工业的智能感知、泛在连接、实时分析、精准控制等需求得到满足，实现制造环节中的操作空间集中化、操作岗位机器化、运维辅助远程化、服务环节线上化，彻底解决工业制造领域的现阶段痛点。本章通过介绍 5G 典型解决方案及应用案例，分析其安全需求，并提供解决方案，帮助读者更深入了解 5G 在典型场景下的安全能力。

## 7.1  5G 智能制造园区解决方案——5G 内生安全全方位保障

目前，国内有 20000 多个工业园区，包括 200 多个国家级开发区。5G 智能工业园解决方案可以提高工业园综合运营和管理效率；对园区危险提前发现、动态跟踪，减少园区安全隐患。提升园区车间之间的协同效率和车间内的生产效率，降低生产成本。利用 5G 网络及视频监控、巡检机器人或无人机、工业传感器、园区路侧传感器、园区交通信号灯、园区无人车和工业生产等设备，实现园区安全管控和智能制造，及引导、停车、调度等园区智慧交通解决方案，并在此基础上实现对园区人、车、路、楼、设备资产的数据融合、综合运营和管理。

5G 的高可靠、低时延、广连接的特性非常适用于园区的智能制造，再依托于 MEC、人工智能、AR/VR 等新兴技术，使得之前的智能制造技术瓶颈得以突破，实现真正的智能制造。基于 5G 等组合能力首先可以保证全园区的网络覆盖、高可用瞬时组网需求，比如有线连接、Wi-Fi、UWB 等多种方式多网融合；其次配合低时延高速率能力，可以有效开展自动化机床调度、AR/VR 识别检测、摄像头 360 度实时监控、自动驾驶和自动物流配送；此外配合人工智能技术的 MEC AI 能力使制造自动化、柔性制造、自动化测试、PLC 云化协同控制、远程巡检、AI 智能检测、专家辅助指导成为可能。除了智能制造园区中显著的 5G 赋能特性，基于运营商搭建的 5G 安全能力同样保障了智能制造场景的整体业务接入、应用、网络、运维管理、数据的稳定安全。

## 7.1.1　安全需求分析

（1）多终端接入安全需求

园区内终端类型丰富，而且网络接入要求多种方式，不但要保证工控设备、办公终端、摄像头、专用 APP 等的多种终端的无缝接入，还需要保证终端的接入安全，杜绝非法终端入园以及非法监听、数据篡改、中间人攻击等安全威胁。

（2）网络传输安全需求

一方面要确保网络整体性能稳定，对于专用连接必须保证传输的独立性以及低时延、稳定连接、一定的传输速率保证。另一方面需要保证多个区域网络的连接安全性，具备流量实时监控、异常流量分析等能力。

（3）自动化运营需求

需要尽量减少人工干预，自动化运维，最好可以自动发现运行故障；对于运营人员的错误操作或者违规操作有一定的自动预判能力。计算资源、网络资源等支持动态调整，协调园区群的整体资源，优化资源配置。全网业务数据、应用、主机、自动化系统等满足日志自动汇集，便于审计、可追溯性要求。

（4）数据安全需求

全数据生命周期都需要保证安全性，需要一体化解决方案支持，尤其是个人信息保护和剩余信息留存处置要求。

## 7.1.2　安全解决方案

（1）多接入安全认证

5G 在终端接入、多网接入方面提供接入全方位的认证，保证用户合法接入，比如摄像头实时监控、AR/VR 交互识别等。采用双向认证，保证用户和网络之间的相互可信。切片方面采用授权访问控制，防止接入用户非法授权访问网络切片。根据不同的安全需求，选择不同的安全接入策略。空口、UE 和核心网之间数据加密，防止被窃取。空口、UE 和核心网之间的数据进行完整性校验，防止数据被篡改。UE 访问应用，根据业务安全需求建立IPSec/SSL VPN 隧道，保证数据传输安全。整体上保证了 UE 到核心网、空口、UE 接入业务应用的安全性。

由此提供统一认证架构以灵活应对各种应用场景下的接入认证。提供 EAP-AKA，5G-AKA 认证；提供主流的加密和完整性保护算法（AES、Snow 3G、ZUC）；提供空口和 NAS层信令的加密和完整性保护；根据安全需求提供空口到核心网或 UE 到核心网之间的用户面加密和完整性保护；同时支持层次化的密钥派生机制。

（2）网络安全保证

在网络安全保证方面，由于智能制造场景涉及多种不同子应用、控制流、业务流、用户数据等多种流量分离，首先需要保证网络基础设施安全，即 NFV 安全以及 SDN 网络安全；另外虚拟网安全保证同样重要，包括安全域隔离以及切片安全。

NFV 整体安全方面，需要应对 NFV/MANO/Container 等层面的各种安全威胁。加强 VNF 各层面的完整认证和权限验证，包完整性检查，尤其是软件包的完整性、可信性检查以应对 VNF 方面的安全威胁，比如软件包篡改、非法访问、敏感数据泄露以及 VNF 通信安全威胁和 NFV 组网安全威胁。MANO 平台进行防病毒加固、访问 MANO 平台加强可信认证和授权；同时要部署防 DDoS 攻击防火墙；通信上进行完整性和机密性的保证，引入双向认证和 IPSec VPN 以应对 MANO 安全威胁，比如 MANO 实体安全威胁，实体间、实体与传统网管、实体与 VNF 通信的安全威胁。虚拟机和容器层面进行基础环境的主机病毒、防入侵防护、镜像保护、系统访问控制以及安全加固、资源隔离绑定机制等以应对虚拟机和容器的各种威胁风险。

SDN 整体安全方面，需要加强以下几个方面的防护工作。

（1）SDN 控制器安全防护

1）防 DDoS 攻击：监视资源利用率，利用 Cluster 架构分散攻击点。

2）合法登录：基于角色的访问控制，以及基于认证的远程登录访问。

3）安全接入：SSL 接入提供数据私密性，限制远程访问的 IP 地址。

4）日志分析：安全事件取证和事后回溯机制。

5）安全加固：采用漏扫和合规工具，实现操作系统层面的安全加固。

（2）转发层安全防护

1）CPU 保护：设置上送 CPU 的报文优先级；限制上送队列速率。

2）加强性认证：与 SDN 控制器进行双向安全认证，强制采用 TLS 保护措施，防止被伪造的 SDN 控制器接管；采用多级限速和多级流量调度功能，抑制 DDoS 攻击。

3）合法登录：设置严格的远程访问身份认证策略。

4）路由协议安全：MD5 加密认证 OSPF、RIP、BGP 等路由协议。

（3）南向 API 安全防护

1）认证方面：SDN 控制器与转发设备之间采用双向认证，防止攻击者冒充合法的设备接入网络。

2）完整性及加密保护：为防止信息被泄露、重放、篡改，OF 协议启用 TLS，BGP 协议必须启用 MD5。

（4）北向 API 及 APP 层安全防护

1）认证方面：为防止攻击者冒充合法应用或者设备接入网络，APP 与 SDN 控制器之间采用双向认证，比如数字签名。

2）完整性及加密保护：为防止信息被泄露、重放、篡改，需要启动 SSL 等安全传输协议。

安全域隔离也是整体安全能力提供非常重要的部分。首先进行安全域划分，需要根据运营需求和网元功能，将网元进行安全等级分类，为不同的安全等级设置不同的安全域，每个功能网元或管理网元仅能归属于其中一个安全域；其次进行网络资源分配，为每个安全域分配专用的基础网络资源池，不同安全域不能共享资源池；最后制定域间和域内安全策略，跨域的数据传输必须受安全策略控制，例如在域间配置防火墙、VPN、IPS 等安全资源域内的数据传输，根据安全需要，可选配置安全控制，例如 VNF 之间配置防火墙，VNF 之间增加相互认证机制。

5G 切片能力是不同于 4G 的非常显著的特性能力，也是实现智能制造这种多业务多数据流复杂场景的必要能力。5G 切片安全能力主要体现在切片隔离方面。在横向隔离方面，主要在 5 个部分进行安全加强。第一是切片接入安全，通过接入策略控制、PDU 会话机制以及 IPSec 或者 SSL VPN 保证安全连接；第二是公共 NF 与切片 NF 的安全，通过白名单机制控制访问以及 NSSF 保证 AMF 连接到正确 NF；第三是 5GC 与 DN 之间的安全，vFW 防止外部攻击以及 IPSec VPN 的安全连接保证；第四是切片间资源隔离，VLAN/VxLAN 网络隔离以及虚拟机/容器进行的资源隔离；第五是 VNF 安全，通过互相鉴权保证通信安全以及通过 IPSec 安全连接保证。纵向隔离主要指的是切片应用间的隔离：对于切片持有 NF，给每个切片实例化不同的 VNF 实例进行隔离；对于切片共享 NF，通过 NSSMF/EMS 共享网元给每个切片实例下发用户数、会话数、CAPS，共享网元在会话建立获取 NSI 后，针对具体的 NSI 进行控制。另外还有管理域的隔离，由系统管理员、管理组、用户、角色和操作等要素构成切片间安全管理框架，根据切片的资源范围灵活授权，实现切片间不同用户对资源管理的隔离。

（5）全数据安全与运营管理

5G 安全运营管理提供统一账户管理、统一认证管理以及统一网络接入管理能力，适用于智能制造中的多种终端、业务灵活接入、多租户应用接入、统一运维管理、统一审计监控等多种安全合规场景。统一账户管理支持角色分权分域管理，全账户生命周期管理以及密码复杂度策略管理等。统一认证管理提供集中认证管理能力（OAUTH2.0），Web 管理与 NFVO/VNFM 间采用 RESTful 接口认证能力，提供多种日志和审计管理能力。比如多维度的日志采集（操作类日志、安全类日志和系统类日志等），完善的日志存储管理（提供在线日志、转储日志、备份日志三级日志存储管理等），精细的审计分析能力（按照日志级别、关键字、日志类型以及日志的具体字段设置审计策略），详尽的会话审计（提供当日和条件查询定位，按运维用户、运维地址、后台资源地址、协议、起始时间、结束时间和操作内容中关键字等组合查询方式）。统一网络接入管理提供 IPSec VPN、SSL VPN、HTTPS 的多种接入方式的管理，配合其他安全管理能力，有效保证网络运营管理的灵活性和业务连续性。

智能制造场景中涉及的元数据有个人敏感信息（种族、宗教信仰、健康信息）、财务信息（银行账号、信用卡等）、身份信息（姓名、身份证号、护照号、住址）、用户设备标识（IMSI、IMEI、MSISDN、eMail）、位置信息（Cell ID、GPS 坐标、WLAN 接入点地址）、控制面板数据（会话信息、安全上下文、信令消息）；用户面数据（媒体数据）等。5G 凭借自身的内生安全特性，多层面认证、访问控制、自主加密、切片隔离、安全运营管理等多方面能力保证，已经可以确保数据的全生命周期安全。整体措施列举如表 7-1 所示。

表 7-1　5G 全生命周期数据安全防护措施表

| 阶段 | 设备终端 | 接入网 | 核心网络 | 业务提供商 |
|---|---|---|---|---|
| 数据收集 | 数据最小化<br>用户许可 | — | — | — |
| 数据传输 | 加密<br>完整性校验<br>匿名<br>临时标识 | 加密<br>完整性校验<br>临时标识 | 加密<br>完整性校验<br>临时标识 | 加密<br>完整性校验<br>匿名<br>临时标识 |
| 处理、存储、维护 | 数据最小化<br>访问控制<br>加密 | 数据最小化<br>访问控制<br>加密<br>用户许可（MEC） | 数据最小化<br>访问控制<br>加密<br>用户许可 | 数据最小化<br>访问控制<br>加密<br>用户许可 |

（续）

| 阶段 | 设备终端 | 接入网 | 核心网络 | 业务提供商 |
|---|---|---|---|---|
| 数据共享 | 临时标识<br>用户许可<br>数据最小化 | 临时标识<br>用户许可<br>数据最小化 | 临时标识<br>用户许可<br>数据最小化 | 匿名<br>临时标识<br>用户许可<br>数据最小化 |

5G 内生安全通过多接入安全认证、网络安全保证、全数据安全与安全运营管理，由内向外地保证了智能制造园区这种多接入、多组网、多应用、多终端、多平台、多业务方、多数据流的业务场景的全方位安全。

## 7.2 基于 5G 边缘计算的智慧港口安全应用

港口是典型的密集部署重型机械设备作业环境，包含岸桥、轮胎吊、龙门吊、集卡等，其作业效率和自动化水平，是决定港口未来竞争力和经济效益的重要因素。5G 技术提供的超大带宽、超低时延和海量连接特性，在港口业存在较大的融合前景，将对港口基础设施、运输组织模式、商业模式、治理模式等产生深远影响。5G 网络和边缘计算可以提升智慧港口的安全性，助力护航新基建。

目前，我国已在青岛港、深圳港、天津港、上海港、宁波港等多个港口进行基于 5G 边缘计算的智慧港口安全试点验证，采用 SA 组网的 5G 切片及边缘计算等先进技术，借助于 5G 网络、物联网、边缘计算、人工智能、大数据、信息安全、网络安全等，使得智慧港口安全试点验证具有完备信息感知、安全稳定的网络传输、高效数据处理分析、开放智能应用等优势，并实现园区专网、MEC 管理，共享 5G 基础通信网络承载和专业运营等功能。宁波舟山港口针对 5G 边缘计算中的安全需求，从网络服务、硬件环境、虚拟化、能力开放平台、数据安全等维度出发进行分析，提出相应安全方案，为 5G 边缘计算的智慧港口建设提供现网实践依据和指导，建立健全智慧港口安全技术保障体系。

宁波舟山港引入 5G 高性能网络技术对网络服务、硬件环境、虚拟化、能力开放平台、数据安全等分析，在此基础上进行应用示范研究，针对 5G 边缘计算安全需求，制定切实可行的安全防护技术方案。

### 7.2.1 安全需求分析

5G 边缘计算安全需求主要存在于网络服务、硬件环境、虚拟化、能力开放平台、数据等方面，具体安全需求如下。

（1）网络服务安全需求

智慧港口接入设备数量庞大且类型众多，多种安全域并存，安全需求点增加，并且更容易遭受分布式拒绝服务攻击。同时，由于接入设备部署位置下沉，让攻击者更易接触边缘计算节点。

（2）硬件环境安全需求

智慧港口的边缘节点多数部署在无人值守机房或者客户机房，防护措施均较为薄弱，硬件基础设施和设备极易受到恶意攻击者篡改硬件配置等近距离入侵攻击。

（3）虚拟化安全需求

容器或虚拟机是智慧港口的基础设施的主要部署方式，恶意攻击者容易篡改容器或虚拟机镜像、利用 Host OS 或虚拟化软件漏洞攻击、DDoS 攻击等威胁。

（4）能力开放平台安全需求

智慧港口边缘能力开放平台基于虚拟化基础设施对外提供应用发现和通知接口，恶意攻击者非法或越权，进而获取并利用敏感用户、业务数据，或者访问、窃取、篡改和删除敏感数据。

（5）数据安全需求

智慧港口边缘平台业务开展过程中可获得及处理用户敏感隐私数据，存在数据分级分类混乱、敏感数据不加密、不合规的数据限制开放共享、数据泄露、无效安全监管等现象。

（6）切片接入和隔离安全需求

基于云化的 SDN、NFV、网络切片技术安全性在现网还没有商用实践，安全性能研究有待验证。

## 7.2.2  安全解决方案

网络服务安全：MEC 连接了多个外部网络， MEC 被划为不同的功能域，如管理域、核心网域、基础服务域（能力开放）、第三方应用域等，彼此之间需要划分到不同安全域，引入各种虚拟安全能力，实现隔离和访问控制。同时内置了入侵检测功能，对恶意软件、恶意攻击等行为进行检测，防止威胁横向扩展。

硬件环境安全：由于智慧港口处于相对开放的环境中，MEC 设备更易遭受物理性破坏。方案引入门禁、环境监控等安全措施，保护 MEC 设备安全。加强自身防盗、防破坏方面的结构设计，对设备的 I/O 接口、调试接口进行控制。

虚拟化安全：通过虚拟机隔离提升虚拟化安全。对于部署在 MEC 的 VM，通过微分段（Micro-segmentation）等技术，对 VM 和不同应用实施严格隔离，并划为不同的功能域，如管理域、核心网域、第三方应用域等，彼此之间需要划分到不同安全域，引入各种虚拟安全能力，实现隔离和访问控制。同时内置了入侵检测功能，对恶意软件、恶意攻击等行为进行检测，防止威胁横向扩展。另外，通过实时监测 VM 的运行情况，有效发掘恶意 VM 行为，避免恶意 VM 迁移对 MEC 造成感染。

能力开放平台安全：边缘计算能力开放平台实施安全加固，加强平台管理安全、数据存储和传输安全，引入可信计算技术，从系统启动到上层应用，逐级验证，构建了可信的 MEC 平台，防止 MEC 平台的软件被篡改。

数字签名：在基于 MEC 验证中，身份认证和授权的时效性及安全性具有同样重要的地位，方案主要使用数字签名技术实现智慧港口边缘平台的验证和授权功能，加强网络端口的连接访问、安全认证与授权，以避免恶意攻击者非法获取、泄露、破坏网络服务数据。

数据安全：方案实施并加强数据分级分类管理、部署敏感数据加密、进行不合规的数据限制开放共享等，控制数据泄露等安全需求防火墙机制防止容器之间的非法访问，并且需要在平台层面部署 API 安全网关来对容器管理平台的 API 调用进行有效的安全监管。同时，通过访问权限控制等措施防范攻击者或者恶意应用的非授权访问，进而实现防止访问、窃取、篡改和删除敏感数据的目的，以防止恶意攻击者非法或越权获取并利用敏感用户、业务数据。

切片接入和隔离安全：提供用户接入 5G 网络时切片的认证和授权，保证接入合法切片以及应用对切片网络及资源使用的可控性。切片之间的隔离，一方面在保持灵活性和动态性的基础上保证了切片自身安全，另一方面通过资源分配策略、虚拟化隔离等多种手段保证不同租户之间不会产生 CPU、存储、I/O 资源的竞争和滥用，为向用户提供定制化、托管式安全服务做好铺垫。

## 7.3 面向智能工厂的 5G 态势感知解决方案

随着工业信息的飞速发展，工业化与信息化的融合趋势越来越明显，工业控制系统也在利用最新的 IT 与网络技术来提高系统的集成、互连和信息管理水平。为了提高生产效率和效益，工业互联网网络将越来越开放，开放带来的安全问题将成为制约两者融合和工业 4.0 发展的重要因素。为了应对工业控制网络发展和开放所带来的各类安全隐患，在保证生产制造、业务流转正常的情况下，构建全网态势感知系统迫在眉睫。

为了紧随国家战略，某集团全面启动了智能工厂建设工作，提升工厂整体技术水平和制造实力，加速全球化推动。目前，某集团完成五大产业线多个工厂的智能化改造，在全国各地建成多个智能互联工厂。智能工厂集智能化生产和大规模定制化平台于一身，采用模块化、自动化、数字化、智能化为基础的全生态互联体系，包括办公网与生产网互联、信息互联，外部需求信息直接互联到内部生产网，生产网的生产线根据需求进行产品生产的实时优化。

### 7.3.1 安全需求分析

（1）网络通信安全需求

首先是网络性能要求，工控网络对实时性要求高，响应时间紧迫，但无法容忍高延迟和网络抖动。其次要考虑办公网、控制网之间的网络通信安全风险，比如网络中攻击流量、异常流量和协议非法指令无法感知；工控网络内部服务器/主机与自动化系统网络连接安全风险；网络流量明文传输；数据传输缺少正确性校验，数据包存在被篡改风险。

（2）工控环境安全需求

工控环境服务器和主机安全风险，比如操作系统漏洞；工控环境专用的应用软件漏洞；主机开放服务存在的漏洞、工控运行环境监控等。

（3）控制网环境安全需求

主要是自动化系统安全风险，主要体现在生产网与控制网自动化交互方面，比如自动化操作系统本身的安全漏洞；SCADA/PLC 软硬件系统安全漏洞；自动化数据采集接口安全风险；USB 移动介质使用的安全风险。

（4）运营运维安全需求

一方面需要考虑运维，比如操作日志审计功能、资源运行环境监控，主要是生产网和控制网环境。另一方面，需要考虑网络安全感知能力，疑似攻击流量发现、自动化应急响应处置等。

## 7.3.2 安全解决方案

（1）基本安全方案

首先进行网域划分与边界隔离：如果不依托于 5G 安全环境，基本的安全方案构建也可以应对一定的安全风险以及安全威胁。从网络通信安全方面考虑，以及基于等保 2.0 的安全要求，为了防范 DoS 攻击、重放攻击、传输篡改、蠕虫攻击、泛洪攻击等，应当明确网域边界。在办公网与互联网出口，办公网与控制网之间，生产网环境内，部署 NGFW、NGIPS、WAF、抗 D 设备；部署统一安全管理中心进行整体监控调度应急响应。

然后部署态势感知环境，态势感知环境分为安全数据采集、安全态势感知系统和安全管理中心三部分。安全数据采集对象包括网络设备、存储设备、工控设备的日志数据、网络流量数据和相关业务系统数据。数据收集以生产网和办公网为对象，相关设备的日志数据和网络流量数据将安全、可靠、持续收集。日志数据采集可以对不同的日志进行过滤、合并和标准化。流量探针具有网络业务恢复分析功能，例如协议恢复、应用识别、文件恢复、网络业务异常检测以及网络资产发现功能。安全态势感知系统基于人工智能以及大数据、数据挖掘、流式处理技术，可以对预处理的数据进行实时分析和批处理分析，再结合系统内的各分析引擎，分析紧急应对处理所需的威胁信息和安全事件。从业务方面进行如资产风险评估、未知威胁检测、异常流量捕捉、攻击溯源分析等，对办公网以及生产网环境的安全情况进行整体呈现。安全管理中心可以整体提高智能工厂的安全事件应对能力，在安全防护的基础上对网络威胁进行持续监测，动态化的资产漏洞挖掘以及多维度的攻击监测。安全管理中心配合态势感知系统能够有效阻断非法网络访问，发现 APT 等网络攻击，防范病毒扩散并锁定染毒终端，及时发现并监控生产中的安全异常，快速发现快速处置并进行取证和溯源分析。从工业控制系统的安全全生命周期的角度出发，基本实现工业控制系统的综合态势感知需求。

（2）5G 安全态势感知方案

基本安全方案虽然在一定规模一定范围内保证了智能工厂的安全需要，但还有一些方面存在不足：①网络通信性能上没有提升，反而对网络性能负荷加大；②划分网域和网络隔离使得组网和网络策略更加复杂，无法做到真正的全业务全流程的实时监控和态势感知；③资源的统一调度、统一运维监控表现乏力，即便使用了人工智能大数据分析等先进技术也无法达成有效的"新技术新安全助力智能制造"。引入 5G 安全能力可以解决上述问题。5G 本身的低时延、广连接特性，可以有效降低网络时延，结合 MEC 可以极大地改善网络时延和传输质量。运营商 5G 基于 SDN/NFV 的网络构建有利于全网流量的分析、检测、调度，基于切片的数据与控制分流、切片隔离更是可以保障传输安全。由运营商提供 5G 工业云网态势感知，一方面便于采集生产网、控制网和办公网的流量进行全面分析，实时监控，全网协同联动处置；另一方面通过计算资源上云、数据上云，有利于基于人工智能大数据分析，动态调度资源，异常预警，节省网络、存储等资源成本；再一方面利用运营商的 5G 全网数据信息，更有利于进行抗 DDoS 策略、攻击链分析、快速响应处置。由运营商提供的 5G 安全态势感知除了广网络覆盖面、性能、弹性调度的特性之外，更有利于主动防御的实施。主动防御技术的设计包括两个部分。一方面是自动防御的关键技术，包括安全威胁检测、安全风险评估、漏洞自动修复、基于 AI 的自动防御等。另外是攻击链预测和防御，在人工智能大数据等关键技术的支持下，依托运营商的基础网络流量数据优势，有效预测环境内的疑似攻击链并采取相应的防御策略。

5G 依托自有独特优势，如统一接入认证、切片安全、自动化运营能力等，配合运营商的独有基础设施能力、数据能力，可以使得人工智能、大数据、流处理等先进能力作用得到更有效的发挥，结合下一代安全技术，让理论上的全业务、全流程、全数据、全网络的态势感知成为可能。

# 附　　录

## 名词术语索引

| | | |
|---|---|---|
| 3GPP | The 3rd Generation Partnership Project | 第三代合作伙伴项目 |
| 5G | 5th generation mobile networks | 第五代蜂窝移动通信技术 |
| 5G NR | New Radio | 新空口 |
| ADC | Analog-to-Digital Conversion | 模数（模拟数字转换） |
| AI | Artificial Intelligence | 人工智能 |
| AKA | Authentication and Key Agreement | 认证与密钥协商协议 |
| AMF | Access and Mobility Management Services | 接入和移动性管理功能 |
| AR | Augmented Reality | 增强现实 |
| ARP | Address Resolution Protocol | 地址解析协议 |
| ARPF | Authentication credential Repository and Processing Function | 认证凭证存储和处理功能 |
| AUSF | Authentication Server Function | 鉴权服务功能 |
| BGP | Border Gateway Protocol | 边界网关协议 |
| CDMA | Code Division Multiple Access | 码分多址 |
| CSI-RS | Channel State Indication RS | 信道状态指示参考信号 |
| DAC | Digital-to-Analog Conversion | 数模（数字模拟变换） |
| DDoS | Distributed Denial of Service | 分布式拒绝服务 |
| DHCP | Dynamic Host Configuration Protocol | 动态主机配置协议 |
| DMRS | Demodulation Reference Signal | 解调参考信号 |
| EDGE | Enhanced Data Rate for GSM Evolution | 增强型数据速率GSM演进技术 |
| eMBB | Enhanced Mobile Broadband | 增强移动宽带 |
| ETSI | European Telecommunication Standards Institute | 欧洲电信标准协会 |
| FDD | Frequency-division Duplex | 频分双工模式 |
| FDMA | Frequency Division Multiple Access | 频分多址 |
| GPRS | General Packet Radio Service | 通用无线分组业务 |
| GSA | Global Mobile Suppliers Association | 全球移动供应商协会 |
| GSM | Global System for Mobile Communications | 全球移动通信系统 |

| ICMP | Internet Control Message Protocol | Internet 控制报文协议 |
|------|-----------------------------------|----------------------|
| IETF | Internet Engineering Task Force | 互联网工程任务组 |
| IP | Internet Protocol | 网际互联协议 |
| IPSEC | Internet Protocol Security | 网络传输协议族 |
| IPUPS | Inter-PLMN UP Security | 用户面安全网关 |
| IPv6 | Internet Protocol Version 6 | 互联网协议第 6 版 |
| ISDN | Integrated Services Digital Network | 综合业务数字网 |
| ITU | International Telecommunication Union | 国际电信联盟 |
| LTE | Long Term Evolution | 长期演进 |
| MANO | Management and Orchestration | 管理和网络架构 |
| Massive MIMO | Multi Input Multi Output | 大规模天线技术 |
| MEC | Multi-Access Edge Computing | 多接入边缘计算 |
| MMSE | Minimum Mean Squared Error | 最小均方误差 |
| mMTC | Massive MachineType Communication | 大规模机器类型通信 |
| MRC | Maximum Ratio Combining | 最大比合并 |
| MRT | Maximum Ratio Transmit | 最大比发送 |
| NDP | Neighbor Discovery Protocol | 邻居发现协议 |
| NEF | Network Exposure Function | 网络开放功能 |
| NFV | Network Functions Virtualization | 网络功能虚拟化 |
| NGMN | Next Generation Mobile Network | 下一代移动通信网络联盟 |
| NRF | Network Repository Function | 网络存储功能 |
| OFDM | Orthogonal Frequency Division Multiplexing | 正交频分复用技术 |
| PAPR | Peak to Average Power Ratio | 峰值平均功率比 |
| PDU | Protocol Data Unit | 协议数据单元 |
| PLMN | Public Land Mobile Network | 公共陆地移动网 |
| PSTN | Public Switched Telephone Network | 公用电话交换网 |
| QoS | Quality of Service | 服务质量 |
| SA | Standalone | 独立组网 |
| SBA | Service-based Architecture | 服务化架构 |
| SBI | Service-based Interface | 基于服务的接口 |
| SDN | Software Defined Network | 软件定义网络 |
| SEAF | Security Anchor Function | 安全锚点功能 |
| SEPP | Security Edge Protection Proxy | 安全边缘保护代理 |
| SIDF | Subscription Identifier De-concealing Function | 用户标识去隐藏功能 |
| SIM | Subscriber Identity Module | 用户身份模块 |
| SLA | Service Level Agreement | 业务服务协议 |
| | Standards Institute | |
| STM | Synchronous Transfer Mode | 同步转移模式 |
| SUCI | Subscription Concealed Identifier | 用户隐藏标识符 |

| SUPI | Subscription Permanent Identifier | 用户永久标识符 |
|------|-----------------------------------|----------------|
| TDD | Time-division Duplex | 时分双工模式 |
| TDMA | Time Division Multiple Access | 时分多址 |
| UDM | Unified Data Management | 统一数据管理功能 |
| UPF | User Port Function | 用户端口功能 |
| uRLLC | Ultra Reliable Low Latency Communication | 超可靠低时延通信 |
| USIM | Universal Subscriber Identity Module | 全球用户识别卡 |
| VR | Virtual Reality | 虚拟现实 |
| Web | World Wide Web | 万维网 |
| Wi-Fi | Wireless Fidelity | 无线通信技术 |
| WLAN | Wireless Local Area Network | 无线局域网 |
| ZF | Zero Force | 迫零 |

# 参 考 文 献

[1] 徐鸿乾，王晨明. 广电网络 IPv6 演进及产业前景[J]. 广播电视网络，2020，36(1)：51-55.

[2] 李志民. 关于移动通信 5G 与互联网协议第六版 IPv6 的关系[J]. 中国教育网络，2018(7)：8.

[3] 任勇毛，储华珍，周旭，等. 5G 网络 IPv6 协议关键技术研究[J]. 科研信息化技术与应用，2018,9(1)：13-22.

[4] 东野福生. 5G 发展中 IPv6 的展望[J]. 通信企业管理，2017(10)：76.

[5] 张连成，郭毅. IPv6 网络安全威胁分析[J]. 信息通信技术，2019，13(6)：7-14.

[6] 3GPP. System architecture for the 5G system：3GPP TS 23.501[S/OL]. https://portal.3gpp.org/desktopmodules/Specifications/SpecificationDetails.aspx?specificationId=3144.

[7] 3GPP. Security architecture and procedures for 5G system：3GPP TS 33.501[S/OL]. https://portal.3gpp.org/desktopmodules/Specifications/SpecificationDetails.aspx?specificationId=3169.

[8] 3GPP. Study on the security aspects of the next generation system：3GPP TR 33.899[S/OL]. https://portal.3gpp.org/desktopmodules/Specifications/SpecificationDetails.aspx?specificationId=3045.

[9] 中国联通. 5G 网络安全[R]. 2019.

[10] 华为. 华为携手业界共同保障 5G 安全[R]. 2019.

[11] IMT-2020（5G）推进组. 5G 网络安全需求与架构[R]. 2017.

[12] 赵文，罗敏，田永春，等. 5G 安全技术研究[J]. 通信技术，2020，53（8）：2045-2048.

[13] 毕晓宇. 5G 移动通信系统的安全研究[J]. 信息安全研究，2020，6(1)：52-61.

[14] 邬贺铨. 5G 时代的网络安全挑战与服务[J]. 中国信息安全，2020(10)：31-34.

[15] 胡挺. SEPP 在 5GC 互联安全机制中的应用[J]. 电子世界，2020，589(7)：151-152.

[16] 冯登国，徐静，兰晓. 5G 移动通信网络安全研究[J]. 软件学报，2018，29(6)：303-315.

[17] 杨红梅，王建伟. 5G 网络安全标准化进展[J]. 保密科学技术，2019，100(1)：24-28.

[18] 刘洪善. 5G 安全：进展、挑战和应对[J]. 中国信息安全，2019(7)：80-82.

[19] 齐鹏，彭晋. 5G 网络的认证体系[J]. 中兴通讯技术，2019，25(4)：14-18.

[20] 杨红梅，林美玉. 5G 网络及安全能力开放技术研究[J]. 移动通信，2020，44(4)：65-68.

[21] 邬贺铨. 5G 系统新技术与网络安全新态势[R]. 2020.

[22] 李卫忠. IBM："智"领大数据时代[J]. 中国信息界-e 制造，2012(1)：44-45.

[23] 周玟秋. 5G 网络安全技术研究[J]. 电子技术与软件工程，2016(18)：235-235.

[24] 曾梦岐，陶建军，冯中华. 5G 通信安全进展研究[J]. 通信技术，2017，50(4)：779-784.

[25] 王佳. 5G 核心网安全技术分析[J]. 通信电源技术，2020(5)：150-152.

[26] 项立刚. 5G 的基本特点与关键技术[J]. 中国工业和信息化，2018，4(1)：34-41.

[27] 张滨. 5G 安全技术与发展研究[J]. 电信工程技术与标准化，2019，32(12)：1-6.

[28] 许书彬，甘植旺. 5G 安全技术研究现状及发展趋势[J]. 无线电通信技术，2020，46(2)：133-138.

[29] 郝梓其. 5G 新技术面临的安全挑战及应对策略[J]. 信息安全研究，2020，6(8)：694-698.

[30] 周代卫，王正也，周宇，等. 5G 终端业务发展趋势及技术挑战[J]. 电信网技术，2015(3)：64-68.

[31] 彭彦青. 浅析 5G 终端业务的发展趋势及技术特点[J]. 通讯世界，2019，26(5)：12-13.

[32] 周平. 物联网终端安全分析及实践[J]. 通讯世界，2019，26(10)：50-55.

[33] ITU-R. IMT-vision-framework and overall objectives of the future development of IMT for 2020 and beyond. [EB/OL].[2021-1-28]. http://www.itu.int/rec/R-REC-M.2083.

[34] 邬贺铨. 正视 5G 安全挑战 共建安全大生态[J]. 建设机械技术与管理，2020(2)：16.

[35] 闫新成，毛玉欣，赵红勋. 5G 典型应用场景安全需求及安全防护对策[J]. 中兴通讯技术，2019，25(4)：6-13.

[36] 中国移动，中国电信，中国联通. 5G 消息白皮书[R]. 2020.

[37] 大唐移动通信设备有限公司. 5G 业务应用白皮书[R]. 2018.

[38] 季新生，黄开枝，金梁，等. 5G 安全技术研究综述[J]. 移动通信，2019，43(1)：34-39.

[39] 中国移动通信有限公司研究院，中国电信北京研究院，中国联合网络通信有限公司. 区块链电信行业白皮书[R]. 2019.

[40] 中国信息通信研究院，中国通信标准化协会. 区块链安全白皮书-技术应用篇[R]. 2018.

[41] 薛腾飞. 区块链若干问题研究[D]. 北京：北京邮电大学，2019.

[42] 袁勇，倪晓春，曾帅，等. 区块链共识算法的发展现状与展望[J]. 自动化学报，2018，44(11)：2011-2022.

[43] 沈鑫，裴庆祺，刘雪峰. 区块链技术综述[J]. 网络与信息安全学报，2016，2(11)：11-20.

[44] 刘文懋，裘晓峰，王翔. 软件定义安全-SDN/NFV 新型网络的安全解密[M].北京：机械工业出版社，2016.

[45] Open Networking Foundation. Software-Defined Networking: The New Norm for Networks[J/OL]. [2021-2-1]. https://www.researchgate.net/publication/272829895_Software-Defined_Networking_The_New_Norm_for_Networks.

[46] 小火车，好多鱼. 大话5G[M]. 北京：电子工业出版社，2016.

[47] 华为. 华为 5G 安全架构白皮书[R]. 2017.

[48] 张鉴，唐洪玉，侯云晓. 基于软件定义的 5G 网络安全能力架构[J]. 中兴通讯技术，2019，25（4）：25-29.

[49] LEON-GARCIA A, ASHWODD-SMITH P, GANJALI Y. Software Defined Networks[J]. Computer Networks, 2015, 92(P2): 209-210.

[50] GUDIPATI A，PERRY D，LI L E, et al. SoftRAN: Software defined radio access network[C]// Proceedings of the Second ACM SIGCOMM Workshop on Hot Topics in Software Defined Networking. 2013.

[51] 杨峰义，张建敏，王海宁，等. 5G 网络架构[M]. 北京：电子工业出版社，2017.

[52] BASTA A，KELLERER W，HOFFMANN M，et al. A virtual sdn-enabled lte epc architecture: a case study for s-/p-gateways functions[C]// IEEE SDN for Future Networks and Services (SDN4FNS). IEEE，2013.

[53] 房梽敔，吕辉. SDN/NFV 技术对电信网络架构意义及有关技术探讨 [J]. 网络安全技术与应用，2020(10)：13-15.

[54] 吴宏建，王琦. 5G 时代 NFV 面临安全新挑战[N]. 人民邮电，2019-10-15(6).

[55] 李晨. SDN/NFV 赋能 5G 网络架构的云化演进[J]. 通信世界，2019(12)：45-48.

[56] 刘海明. 如何面对 5G 安全带来的挑战[J]. 通信企业管理，2019(2)：51-55.

[57] 王卫斌. 5G 商用将推动 NFV 进入新阶段[J]. 邮电设计技术，2018(11)：35-40.

[58] 王彩虹. 通信核心网 NFV 的部署策略探究[J]. 科技传播，2018，10(7)：96-97.

[59] 常雯. 基于 NFV 架构下核心网安全问题分析[J]. 电信网技术，2017(4)：65-67.

[60] 杨红梅，谢君. 5G 网络切片应用及安全研究[J]. 信息通信技术与政策，2020(2)：25-29.

[61] 潘启润，黄开枝，游伟. 基于隔离等级的网络切片部署方法[J]. 网络与信息安全学报，2020，6(2)：96-105.

[62] 陈松，梁文婷，宋楠，等. 5G 网络切片安全防护设计[J]. 通信技术，2019，52(10)：2499-2506.

[63] 黄开枝，潘启润，袁泉，等. 基于性能感知的网络切片部署方法[J]. 通信学报，2019，40(8)：114-122.

[64] 罗玙榕，曹进，李晖. 软件定义 5G 通信网络的虚拟化与切片安全[J]. 中兴通讯技术，2019，25(4)：30-35.

[65] 牛犇，游伟，汤红波. 基于安全信任的网络切片部署策略研究[J]. 计算机应用研究，2019，36(2)：574-579.

[66] 中国联通. 5G 网络切片白皮书[R]. 2018.

[67] 袁琦. 5G 网络切片安全技术与发展分析[J]. 移动通信，2019，43(10)：26-30.

[68] 夏旭，朱雪田，邢燕霞，等. 5G 网络切片使能电力智能化服务[J]. 通信世界，2017(20)：51.

[69] ETSI.Mobile Edge Computing(MEC); Framework and Reference Architecture[S/OL]. https://www.etsi.org/deliver/etsi_gs/mec/001_099/003/01.01.01_60/gs_mec003v010101p.pdf.

[70] GSMA. 5G 时代的边缘计算-中国的技术和市场发展[R]. 2020.

[71] 何明，沈军，吴国威，等. MEC 安全探讨[J]. 移动通信，2019，43(10)：2-6.

[72] 张蕾，刘云毅，张建敏，等. 基于 MEC 的能力开放及安全策略研究[J]. 电子技术应用，2020，46(6)：1-5.

[73] SZEGEDY C，ZAREMBA W，SUTSKEVER I，et al. Intriguing properties of neural networks[J/OL]. [2021-2-3]. https://arxiv.org/abs/1312.6199.

[74] CARLINI N，WAGNER D. Audio adversarial examples: targeted attacks on speech-to-text[C]//IEEE Symposium on Security and Privacy Workshops. 2018.

[75] LIU Y，MA S，AAFER Y，et al. Trojaning attack on neural networks[C]// Network and Distributed System Security Symposium. 2017.

[76] EYKHOLT K，EVTIMOV I，FERNANDES E，et al. Robust physical-world attacks on deep learning models[C]// 2018 IEEE/CVF Conference on Computer Vision and Pattern Recognition (CVPR). IEEE，2018.

[77] 3GPP TR 23.791. Study of enablers for network automation for 5G[R]. 2018.

[78] 中国信息通信研究院. 工业互联网产业经济发展报告（2020）[R]. 2020.

[79] IEC.IoT 2020: Smart and secure IoT platform[R]. 2020.

[80] 赛迪顾问股份有限公司. 2019 中国网络安全发展白皮书[R]. 2019.

[81] 国家计算机网络应急技术处理协调中心. 2019 年我国互联网网络安全态势综述[R]. 2020.

[82] 中国联通，华为. 物联网安全技术白皮书——安全架构的不断演进[R]. 2018.

[83] 中国联通. 5G 网络安全白皮书[R]. 2018.

[84] 张曼君，马铮，张小梅，等，电信运营商的物联网安全业务研究[J]. 中国新通信，2017（1）：7-8.

[85] 张曼君，马铮，高枫，等. 物联网安全技术架构及应用研究[J]. 信息技术与网络安全，2019，38(2)：4-7.

[86] 黄海旭. 基于 MEC 的车联网系统安全研究[J]. 信息安全与通信保密，2020，318(6)：88-93.

[87] 覃庆玲，谢俐倞. 车联网数据安全风险分析及相关建议[J]. 信息通信技术与政策，2020，314(8)：37-40.

[88] 张然懘. 车联网安全标准及框架研究[J]. 信息通信技术，2020，14(3)：44-50.

[89] 王传奇. 车联网安全威胁分析及防护思路[J]. 计算机产品与流通，2020(2)：130.

[90] 王林林，董伟，程明敏. 车联网信息安全风险分析及防护技术[J]. 汽车实用技术，2020，316(13)：17-19.

[91] 季莹莹，赵怀瑾，吴志敏，等. 车联网络安全相关技术研究[J]. 计算机产品与流通，2020(2)：103-104.

[92] 安晖. 全方位保护智能网联汽车安全[N]. 新能源汽车报，2019-12-23.

[93] 赵艳，蒋烈辉. 面向远程医疗信息系统的安全高效匿名认证协议[J]. 信息工程大学学报，2019，20(4)：480-486.

[94] 徐雅芳. 5G 通信技术特点及在远程医疗中的应用[J]. 电子制作，2020，390(2)：87-89.

[95] 李东泽. 浅谈 5G 对远程医疗实现的价值与策略[J]. 中国新通信，2019,21(22)：124.

[96] 贾斐，王雪梅，汪卫国. 5G 通信技术在远程医疗中的应用[J]. 信息通信技术与政策，2019，300(6)：92-95.

[97] 刘金鑫，靳泽宇，李雯雯，等. 5G 远程医疗的探索与实践[J]. 电信工程技术与标准化，2019，32(6)：83-86.

[98] 袁捷，张峰，于乐. 5G+工业互联网安全分析与研究[J]. 信息通信技术与政策，2020，316(10)：18-22.

[99] 刘晓曼，李艺，吴昊. 工业互联网安全架构及未来发展思考[J]. 保密科学技术，2019，102(3)：12-19.

[100] 于成丽. 工业互联网安全形势及监管政策浅析[J]. 保密科学技术，2020，116(5)：16-19.

[101] 康双勇，胡万里. 工业互联网安全技术研究及我国工业互联网安全产业发展情况分析[J]. 保密科学技术，2020（5）：27-31.

[102] 张尼，刘廉如，田志宏，等. 工业互联网安全进展与趋势[J]. 广州大学学报(自然科学版)，2019，18(3)：68-76.

[103] 李强，田慧蓉，杜霖，等. 工业互联网安全发展策略研究[J]. 世界电信，2016(4)：16-19.

[104] 刘廉如，张尼，张忠平. 工业互联网安全框架研究[J]. 邮电设计技术，2019(4)：53-57.

[105] Gartner，奇安信.零信任架构及解决方案[R/OL]. [2021-3-1]. https://www.qianxin.com/threat/reportdetail?report_id=98.

[106] 何国锋. 零信任架构在 5G 云网中应用防护的研究[J]. 电信科学，2020，36(12)：123-132.

[107] 蔡冉，张晓兵.零信任身份安全解决方案[J]. 信息技术与标准化，2019(9)：46-47.

[108] 余双波，李春燕，周吉，等. 零信任架构在网络信任体系中的应用[J]. 通信技术，2020，53(10)：2533-2537.

[109] Polalto. Zero trust network architecture with john kindervag-video [EB/OL]. (2020-05-31) [2021-03-02]. https://www. paloaltonetworks.com/resources/videos/zero-trust. html.

[110] 张宇，张妍.零信任研究综述[J]. 信息安全研究，2020(7)：608-614.

[111] 王斯梁，冯暄，蔡友保，等. 零信任安全模型解析及应用研究[J]. 信息安全研究，2020，62(11)：12-17.

[112] 郭仲勇，刘扬，张宏元，等.基于零信任架构的 IoT 设备身份认证机制研究[J]. 信息技术与网络安全，2020，39(11)：23-30.

[113] 谢泽铖，徐雷，张曼君，等. 5G 网络共建共享安全研究[J]. 邮电设计技术，2021(4)：5-9.

[114] 王蕴实，徐雷，张曼君，等."5G+工业互联网"安全能力及场景化解决方案[J]. 通信世界，2021(16)：45-48.

[115] 李凤华，李晖，牛犇，等. 隐私计算——概念、计算框架及其未来发展趋势[J]. Engineering，2019，5(6)：425-454.